s u h e i

爱自己是一辈子的修行

素黑

中国友谊出版公司

你的身体就是你的道场

我们总要受到最大的伤害，

才能修炼最大的坚强。

人生际遇是随机和缘分的安排，

但更多是愿力指挥的结果。

停留的人生没有选择，

流动的生命尽是际遇。

茶是让身体修静的最好工具，

喝茶前先虚怀，茶会为你开放。

成长，是从创伤中磨炼出来的过程；
成熟，是从成长中挣扎出来的稳定。

在最痛的时候好好爱自己，

包容慈悲，

为生命守住最后的尊严。

让笑容成为你最忠诚的医生，

调教身体情绪，

重设你的悲喜平衡线。

当你变得清澈通透，

始能体会无须隐藏、正大光明的生命，

原来可以是这般爽然与轻柔。

目录

序　用自己的方式爱自己　1

01　调整负能量前要准备什么　001

别胡乱翻开负能量　002
情绪坏了怎么办　006
认识自己的身体　009
提高逆境应变的准备　012
学懂审视治疗师　017
身心灵体验必须从身体出发　020
别走向灵性的混乱　023

02 调好心态的方法 027

在最伤痛的时候更谦卑 028
如何才能延续平静 032
调教记忆制造进步的动力 035
培育存好心的觉知 038
以愿力影响际遇 041
为别人祝愿 044
享受正在做的事 047
别停滞于留与离之间 050
安静，是为了什么 053
要生定要死，看心转移的方向 057
不容有失害死你 060
调教强迫心瘾的“三放”原则 063
学习先尊敬孩子 066
悟性的秘密，原是温柔 070
做自己喜欢的事情 073
慢活，有什么好？ 076
消好你的费 079

03 逆转负能量的实用急救法 085

学习防止吸取负能量 086

距离是最好的缓冲剂 089

每天给他三分钟 092

“先定后静”调频静心法 095

调教呼吸能调教情绪 100

通过发声消除心理障碍 105

用自己的方式抱自己 108

用大爱的方式抱别人 111

有效的减压法没秘密 114

沉静是一种力量 117

管理好“能量循环节奏” 120

学习无聊，学会有效地休息 123

退隐一天也好 128

从洁身开始自爱 132

祛湿，调理郁闷的情绪 135

息怒，从调教饮食开始 138

慎言，用唱歌取代喋喋不休 141

自救的黄金半小时 144

和失眠做朋友 147
放生大小便 151
放下你的手机 155
为亲爱的人准备早餐 159

04 重整衣食住行，回归生活 163

衣服是第二层皮肤 164
寻找自己喜欢的衣色 168
慢慢穿衣，慢慢爱 171
别追捧廉价衣服 174
极端才是危险的食物 177
垃圾食物，吃不吃？ 181
对食物失去感情后，便生病 185
情绪坏了，吃什么好？ 189
重新审视早餐吃蛋的习惯 193
要不要戒吃肉的心理斗争 197
食用油，太重要了 200
你可能一直在贱食 204
吃前，尊重食物 207

自爱，从喝好一杯水开始 210
我和水重修关系的经验 214
我的茶修经历 218
如何喝好一杯茶 223
从品古树茶学习谦卑 228
喝古树茶保育土地 231
家，可以变成移动的堡垒 235
Hygge：一种自在与同在的生活哲学 240
情绪乱时，去爬山 244
出走，是为回归生命的原点 247

跋 脱掉生命的鞋子 251
名人说素黑 263

序

用自己的方式爱自己

成长，是从创伤中磨炼出来的过程；成熟，是从成长中挣扎出来的稳定。

素黑的一天

微博上有人以“像素黑一样生活”注册微博名，内地评论圈也会用“素黑式的爱”来形容我的作品中谈自爱的人生导向。

我常以文字和自疗法教人管理好自己，很多人因而对我是如何度过一天和管理自己很感兴趣，想知道，“像素黑一样生活”

具体是怎样的？嗯，其实，没什么特别的。早上跟着太阳醒来，喂猫和梳洗，饮肉桂蜂蜜柠檬水，然后扫地，清理猫厕所，给植物浇水，做一点伸展运动，敲一下黑铜磬，放一点天然香熏精油，打开电脑开展工作。

早午餐一般吃简单的面条，不太忙时会做我最爱的薯仔烤饼，中午看国际新闻，下午继续工作，会泡古树普洱茶或其他养生茶如黑糖姜茶、红枣圆肉杞子茶、首乌黑豆茶等。

黄昏前外出散步和买菜，回来做饭，几乎不放盐和糖，会用大量初榨橄榄油或有机椰子油、红葡萄酒浸洋葱，必须有深绿叶菜。有时会用自疗音叉清理疲倦，不定时和猫玩，需要减压便放下工作做衣服，大扫除，修理家具。睡前静一会儿，静听铜磬或弹一会儿钢琴，吹一会儿尺八，推穴位，拉拉筋，有时懒得去做，12 点前上床睡觉。

没必要也不会跑到城里，每天最少外出散步一小时，累透了一定要到安静的地方走走，最理想的是能到山上或海边走一天。外出尽量走路不坐车，非不得已也拒绝坐出租车。

平时一般不接电话，要找我，在脸书（Facebook）、电邮或不太公开的微信上谈好了。

保持宁静是我的生活重心。

我重视仪表，让自己舒服和自在，因为感觉美好是人应该做的事。外出开会或出席活动时，不太管场合是什么，只穿自己喜欢和令自己自信的衣服，也会用令自己愉悦的天然木料香水。谢绝盲目消费，家里不摆放装饰物，尽量自己造家具或到垃圾站捡些回来改装。不会长开水龙头洗手和洗碗筷，不浪费一滴水、一粒米。在外边吃饭点很少的菜，大部分时间吃纯素。衣服不多，鞋子才几双，旧了可改，破了可补，日用品能修补便修补，哪怕一个塑料袋也会补完再用直到无法补为止。尽量不存书，看完送别人，家里很少放音乐，尽量保持静空，不堆放东西，垃圾也不多。出差自携日用品，尽量不用一次性物品，出游很少买纪念品，拾一片当地的落叶或小石头已足够，静静地来清清地走。回家先跟猫和家具打招呼，生活安安静静、简简单单就好了。日子大致这么过。

我很喜欢这样过日子。

脱离生活便是无力

记得大学时代上第一堂哲学课，我敬爱的关子尹教授引用了海德格尔的话："哲学若脱离了生活便是无力的。"这句话我一直铭刻于心。脱离生活去谈或想象种种做人的道理不过是空谈。你可以谈得很深邃，能打动和说服人，不过，假如你活得不够实在，言行想并不一致时，你不过是个自恋的文人或学者，甚至是个自欺欺人的骗徒，靠语言伪术打滚的江湖术士而已。

所谓像我一样生活到底意味着什么呢？我常强调，当你不能从喝好一杯水开始去修养爱的话，你的生活、你的爱都是虚的。别以为我是个没烦恼、没爱恶、没痛苦、不消费、不享乐、不实在的苦行僧，别以圣人的光环套在我身上，投射对偶像的崇拜。假如你追求的是这种离地的作家或身心灵圣徒，庆幸我不是你所需要的这种神不神、人不人。

我活得很现实、求变，也实践创意。在关注如何喝好、吃好和睡好的自然疗法外，我更关心如何提升生活质素，告诉你如何提高品位消费好，不浪费，别只盲目跟着主流走，乱买乱穿乱遗弃。我希望大家从日常生活层面如穿好衣服来学习照顾自己，训练仔细，修养生命，学习自爱，然后，你的生命、你的爱才开始变得具体。

像我一样生活，离不开踏实和具体。磨炼细心，简单知足，自信自爱，不多添垃圾和麻烦，在生活细节上提高要求和创意。这样慢慢爱，静静活，够美好了。

在最痛时候，我做了什么

没有大冲击的日子可以这样平静过，可遇到伤痛，在最痛时候，我做了什么？

过去十多年中，我经常需要处理别人的创伤，同样也需要处理身边人和自身的创伤。成长，是在满满的创伤中挣扎的过程；而成熟，是从成长挣扎出来后的稳定。

关于创伤，在治疗和医学上，我愿意不断进修，提出与时俱进的创新治疗方案。不过在灵性的层面，很难避免涉及心性、因果、业障等方面的思考和讨论，因为这些有可能为创伤治疗提供一个稳定的、终极的疗愈方案。有种宗教式的说法：你所受的苦难都是前生业障，今生还的债，接受了才能踏上解脱之路。如果你不愿意相信因果论，甚至开始跟这种说法争论，结果不但没有为创伤疗愈带来正面的启示，反而使之变得更复杂，激活了为此争拗的负能量和希望扶正的道德欲望，这未免远离了处理问题和疗愈创伤的初衷。其实大部分时候，我们都不自觉地掉进这种思辨的陷阱，纠结大半生，问题还是孤单地悬吊在生命的崖巅。

我能写出女人的痛，特别关心如何面对和处理创伤，也花特别多的精力研究治疗方法，因为我是女人，游历在女人自找的、被投进去的痛苦海。

某年在上海开办情绪整合声疗工作坊完毕后，有位同学问我："老师，在最痛的时候，你会做什么？"这是最震撼我的一个提问。那两天我刚好回应并处理了很多学员切身的伤痛个案，突击反观自身的痛，不期然流着坦诚的眼泪回答："在我今生最痛的时候，写了《爱在 136.1》这本书，只希望大家好好尊重爱，好好学会爱，不要再互相伤害了，爱不应该被糟蹋。"

记忆中，最痛的经历曾给予我两种崭新的反应：一是想呕吐，反胃地想呕；二是感觉麻木了，双眼会自动流泪。如斯情感绝境，比悲恸更极致和无助。它们是重要的，我一一记下来了，为进一步认识自己，认识伤痛后遗症。如果没有经历过，那我们对一切都无从知晓，也不可能深入和具体。这些反应是很私密的，只能自己面对，难以也没必要跟谁细致分享。我可以分享的，倒是这个：在我最悲伤的时候，我会逗自己和对方开心，说个笑话，幽默一番，哪怕对方正是带给我灾难的元凶。

有可能做到吗？有的。

以反高潮的笑来包容慈悲

最出色和最成功的喜剧大师大都经历过沉重的伤痛，甚至患有长期严重的抑郁症。或许只有他们最清楚，人在最最最深的伤痛中的自然反应不是哭，而是笑，这原是身体在受到极致毁灭的威胁下自动反射的求生本能。

笑是一种自我拯救的尝试。生命再烂，再难受，外在世界也不会按你所需要的来救赎你，你只能用自己的方式摆脱正在陷入的厄运。在痛哭过后，不忘跟伤害自己的人说个笑话。我明白，在超越了能承担的痛楚极限时，你只能以反高潮的笑来向命运抗议，包容慈悲，为生命守住最后的尊严。

悲剧是不是因果或命定根本不重要，重要的是面对伤痛时你能如何自处，可以的话，加倍爱自己。毕竟，成熟的人会对自己的情绪负全责。

当你感到悲痛难过时，请你尝试大笑。方法有很多，譬如看搞笑的节目。看到笑点，请你大声、夸张、大胆地笑出来，哈哈哈哈地笑，像傻瓜一样地笑，保持15秒，然后停下闭上嘴，保持微笑。

对，不是敷衍地轻声笑，是大声地笑，让咽喉张开，让声音释放，让细胞记录大笑时肌肉的收缩和放松度。不管你是真心快乐还是强笑，大脑是不懂得分辨的，它只会接收到你需要和变得快乐的信息，以为你已经很快乐，所以自动调节身体机能，如扩张肺活量、稍提升血压等去配合你表达快乐，令你进入兴奋的状态。这时候你的心可能还沉浸在悲伤中，可身体却向相反的方向运作，减轻身体长期在低沉和负面的情绪状态下加速产生毒素和细胞病变的恶果，降低抵抗力下降的幅度。然后，身体会让你继续保持这种“开心”的状态，持续一段时间。这，是从悲伤中走出来的黄金关头。

单靠把问题想通，等待谁变好，所谓明白道理或不知何时才来的醒悟，你不知还要沉溺多久才能从伤痛回到稳定。可以的话，让笑成为你忠诚的医生，从调教身体的情绪信息开始，重设你的悲喜平衡线。

以笑回应悲喜人生，真的没什么大不了。

如何用自己的方式爱自己

写这本书的当下，正值社会出现自杀和精神失常的暴力个案，负能量超标，蒙上沉重的阴影。在香港中文大学为同学开办情绪急救工作坊时，有位大二同学一脸纯真地问我："是不是增加正气便能令自己不再怕鬼？如何获得正气呢？行善是否能令人变得越来越好？"

这可是看似简单实则高深的提问。如何得到正气？要先清除负能量吗？有正气的人不一定行善，而行善不一定会变好，眼看很多行善者受欢迎了，被追捧成名后，行善的初衷和初心便变质，过程出现了偏差，良善并没有变好的保证。

每个人都是独一无二的，要爱自己，获得正气，持续向善，光明正大，问心无愧地活着，需要自行摸索和调教，用自己的方式和步伐成就圆满，不假手于人，自能功成身退。在这本书里，我以四个踏踏实实的步骤道出能欢送负能量的生活智慧，包括在调整负能量前要如何准备自己，还有调教心态的方法、逆转负能量的实用自爱急救法，以及从衣食住行回归生活、重整自己。有我分享的个人经历，有你和他的过去和现状。让我们一起修炼，摸索出自己的方式，好好爱自己。

这本书是五年前完成的《爱在136.1》的生活版延续篇。阅读的终点，不是为了让你得到被滥说到见鬼似的所谓正能量。我只想告诉你，在你最痛、最无助的时候，还有什么风景可以看、什么滋味可以品尝，然后再决定离开或回来。愿你能修得爱自己的智慧与方法，用自己的方式拥抱自己和世界。这一生，知足了。

素　黑

2016年4月初稿
2018年3月修订稿

01

调整负能量前要准备什么

别胡乱翻开负能量

没有觉知和沉溺的人，建议别在欠缺吸尘工具的情况下乱翻记忆的尘土，最后致病的可不是尘土本身，而是翻土的鲁莽和愚昧。

有朋友跟我说："素黑，我很羡慕你能看破世情，百毒不侵，不被情绪影响。我就是做不到，经常想起负了我的人、害过我的事。我想放下不去管了，不过看过很多书，听过很多老师的讲座，都说要拔起负能量的恶根，要勇敢地面对内在的黑暗面才能不虚伪、不逃避。真的必须这样吗？"

我回答："不，你错了，我并不是你想象的那样。我跟你一样，经常被负面情绪和记忆打扰，有时还会被困扰良久，难以解脱呢。"然后，我分享了一段近来坐飞机的小故事。

飞机座位本来就窄小，坐在身旁的人还不幸是一个目中无人的家伙，不时越过我的位置，碰到我的手脚时却毫无知觉，逃避接触我的眼神，不时靠到几乎贴在我脸上的距离大声和附近的朋友说话，还会突然无声地跨过我走出去小便。好吧，我理解有些人基于文化背景或没教养的原因，对肢体碰撞和打扰别人欠缺基本的概念。可是全机满座，离不开眼下的座位，投诉他也没用，即使有人来调解，剩下的旅程还是得我和他“亲近”地度过。和一个面黑且怒火上升、不知何时爆发暴力的人在这种失利的情况下交恶，绝对不明智。最初嘛，主动给他眼神、表情的暗示，甚至开口先对他说“不好意思”，表示他已打扰到了我。可是当他毫无反应时，我的第二重体验便是自发闷气。再有修养也会在心里憋闷地想：“怎么这么不幸遇上这种素质的邻座？怎么有这种毫无廉耻、没教养、没品格的人呢？”一轮“怎么”“这么”“那么”后，负面情绪便涌现。

在负面情绪涌现的时刻，觉醒很重要。当你正在助长负能量时，受罪的只会是你而不是别人。想起夏天来临后，家里的厨房忽然多了几只苍蝇，怎样也赶不走，老是喜欢黏在饭菜上，怎么办？当你真的没办法赶走这只惹人讨厌也无法沟通的苍蝇时，唯一能做的就是盖好饭菜，再调教心情。没必要为了无知又挥之不去的苍蝇，扰乱了自己的情绪。

就这样，我决定把身旁没教养的乘客当成自己的亲人，他碰到我就当是我家小孩一样吧。闭目养神听音乐好了。总有下机的时候，大吉利是下不了机的话，也会和他共患难吧。

宽容一点好，调教共处的气氛，真的能平心静气地过好剩下的旅程。

人人都有负能量。有的因为外在不可抗力的因素，也有情感记忆的负面后遗症。有些负能量是可以通过修养自己来处理好，有些却需要学习清理和重整身心的自疗方法，不能光靠所谓“勇敢”来翻开内在深藏的黑暗面。若不懂得正确的方法，后果可能很危险。

负面情绪大多来自负面记忆，不像由苍蝇乱飞惹来的麻烦那么简单和容易处理。譬如失恋后遗留下来的伤痛记忆、被攻击中伤后缠绕于心头的不甘和委屈、被冤枉后没机会为自己平反的冤屈、欲望翻腾时无法满足的难以自控、暗藏多时的感情或秘密郁闷成疾、上一代遗传给你未解决的复杂关系和心结……这些都可能是负能量的源头。

有些人会通过阅读、上课、做治疗等方式，定期清理自己的阴暗面和积累的负能量；有些人会不时地把旧账、旧伤翻出来，沉溺在痛苦的快感中而不自觉；有些人死执不幸经历的记忆不断回放，舍不得离开痛苦所诱发的隐性享受；有些人则时时刻刻处于提心吊胆害怕创伤再来怎么办的忧虑中，负念一旦出现，久久无法挥去。

这些都是负能量活在我们身上的种种印记，像病毒或细菌一样和我们同居一体，好亲密的关系！有人问，有一种最好的处理方法吗？

没有，因为不同的负能量源头和惯性也有不同的处理方法。

定期主动清理肯定是好的，但需要正确和恰当的方法才不至于把旧病变复杂甚至恶化。没有觉知和沉溺的人，建议别在欠缺吸尘工具的情况下乱翻记忆的尘土，最后致病的可不是尘土本身，而是翻土的鲁莽和愚昧。无能力驾驭的话，胡乱翻开负能量的潘多拉盒子会很危险。

你可以做的，是平时装备好自己，学习管理和平衡负面情绪的方法，跟突发或再来的新旧负面记忆和平共存。要做到，首先要学会转移思绪和认识自己的身体。

情绪坏了怎么办

面对压力和情绪失控时，别只想到迎战、否定或逃避。管理情绪的更好方法，其实是立心接受。

很多人很想自爱，可惜不知道应该如何做才能平息内心的不安、恐惧或怒火，更不懂得如何才能快乐。

快乐的人是懂得爱自己的人，他们不是没有坏情绪，而是懂得如何稳定情绪，有能力付出和分享，所以特别受爱人、亲人、朋友和客户的欢迎。因为他们的能量正向、阳光、稳定、平衡，让人感到自在和舒服，所以人际关系特别好，不容易树敌，遇到压力或失败时能保持正面心态，不容易陷入自卑、放弃或情绪摇摆不定。

那么管好情绪的秘诀是什么？

我们应该抛弃思想的负担，勿让脑袋太活跃，因为幸福不可能从思想里产生。多留意自己的思绪。工作或生活上，我们接收到太多负面信息，如被爱人骂、被上司无理取闹、受客户的气等。这些负面信息会充塞脑袋，我们会消化、诠释、制造意义，然后表达相配的情绪。

譬如，有人会把听到的话马上诠释为针对自己的话，继而否定对方，希望保护自己，觉得自己是受害者。然后进行一连串的推理：因为我不够幸运，遇上这种工作环境。那又是什么令我非在此工作不可呢？是为了我那不中用的老公，所以不得不忍气吞声继续工作……这样推想下去，所想到的内容早已比接收的信息负面一百倍。难怪我们在充斥着负面信息的地方生活，很难避免变得负面，并有越来越自觉不幸、情绪抑郁的倾向。要走出来，要马上停止过度活跃的思绪。

一旦接收到负面信息，我们会马上表现出不安、忧虑或愤怒等情绪，这些情绪会越积累越加深，必须马上叫停，调教过来，即时排解压抑，办法是将思绪转移到身体上，动起来。

可以从最简单的呼吸入手，这是快速和收效的平静方法：

1. 闭上眼睛，把刺激自己的人物或事物的记忆“关掉”，不看。

2. 然后内敛眼神。

3. 放慢做腹式深呼吸。

坏情绪会通过呼吸和心跳的加速迅速滋长，而呼吸是可以马上以主观意志和方法调教过来的。要马上排除负面情绪，其中有效兼容易的方法便是做放慢的深呼吸，把气回过来。这样，很快便能稳定其他生理机能，如心跳、血压等，不致让它们联合起来做出备战状态，令你紧张不安。请参考本书第三章，学习更多通过呼吸和其他调教情绪的方法。

更重要的是，面对压力和情绪失控时，别只想到迎战、否定或逃避。管理情绪的更好方法，其实是立心接受。

是什么助长了负能量？往往是因为否定和抗衡。接受是平衡身心的最高境界。接受一切的发生，积极地、正面地处理和改善，远比努力否定或压抑自己更有积极意义。

认识自己的身体

希望了解自己，必须先从身体开始，而不是内心世界，前者是通往后者的入口。

之前谈过，学习管理和平衡负面情绪的方法，除了转移负面思绪外，还要回到身体中去，而第一步，需要认识自己的身体。

男人的生理结构和女人大不同，他们排遣负面情绪的方式是通过肌肉的运动和性欲的发泄。当他们情绪不好时会去做运动，出一身汗，发泄过便爽了。这是男性激素处理情绪的运作。

可女人并不是靠肌肉发泄来舒缓情绪的。

“情绪化”似乎是女人的代名词，但很多女人并不知道，她们多变的情绪跟身体结构有紧密的关联。

不少女人告诉我，她们有时感到自己的情绪来得莫名其妙，无故伤心，忽然浮躁不安，脾气转差，过几天又没事了，很不了解自己，却希望别人能了解她们。

了解自己从来是自己的责任。中国女性有封闭身体的传统，对身体各部分不了解甚至形态都不清楚，不愿意也被禁止主动认知、探索和开发。影响尤其大的，是女人对自己的生理、情绪和性欲的无知。希望了解自己，必须先从身体开始，而不是内心世界，前者是通往后者的入口。

举一个例子——子宫。

子宫除了是生育器官外，更是了解女性特质和情绪状态的重要器官，也是重要的性器官。很多女人都没有注意到，当她们情绪不好、压力大，甚至刚做完噩梦时，身体中震动最大的部分除了心脏便是子宫，提醒你需要自我舒缓。性爱中的快感令子宫收缩，尤其在高潮时抽搐得最厉害。所有能达至性高潮的器官如阴蒂、乳头等，最终都以子宫的抽搐为终点，完成美丽的能量振频。抽搐所产生的振频是女性的能量来源，也是生命的神秘来源。

可悲的是，子宫在西方医学中一直被视为“无用的、只懂流血、制造病征和有潜在癌症风险的器官”。甚至有些妇科医生会告诉你切除了子宫将一劳永逸，以后不再为永不准时的月经和苦不堪言的经痛忧愁。在古代西方，妇科医生更会和丈夫及父亲串谋，把不听话的女人送上手术台，管她们只是吃得过多、严重经痛还是企图自杀、自慰或者淫荡，总之把她们的子宫切除会令她们安静下来，变得有条理和更听话。当然，个别医生积极鼓励切除子宫的背后，是那庞大的手术费用和术后终生药物需求的利润。

还有，女人的阴道。

很多女人从不敢看自己的阴部，更莫说要去摸它，抚慰它。女人没有探索过自己的阴道在不同情绪和欲望中的变化，根本不可能享受真正的性爱，以及了解自己的能量弹性和生命泉源。阴道是世上最包容的地方，和子宫联合孕育生命和爱。女人的性附着爱，那是男人未进化的身心灵独特结构。

女人应向子宫和阴道收放自如的自然美和大爱致敬。

女人要了解自己，认识身体与情绪互相紧扣地影响的真相，可以从子宫和阴道开始，关注经期和性需要周期，观察情绪与它们之间的生理和心理关系，长期记录下来。你会发现，原来莫名其妙的情绪，有可能不过是排卵期的生理反应，犯不着读入太多其他的意义和原因，帮助自己减少很多不快乐的理由。

提高逆境应变的准备

我们无法左右可能将要降临的噩运，但我们可以先准备好身心，提高逆境智商、想出应急办法。

当金融海啸、股市大跌、楼市下滑、经济不景气时，大家忧心的是大裁员什么时候会轮到自己？加上家事、感情事诸多忧患，形成都市人隐藏的心理杀手——焦虑症。

焦虑会伴随一连串情绪病症，如心悸、失眠、食欲不振、肠胃不适、精神衰弱，紧张和压力导致胃痛、便秘、湿疹，等等。

压力结合社会的负能量气候能扰乱人的心理，干扰身体，令肉体受苦。恶性循环，身体受苦又反过来影响心理，导致更严重的情绪低落。

我们无法左右可能将要降临的噩运，但我们可以先准备好身心，提高逆境智商、想出应急办法，训练自己临危不乱、处变不惊，让我们先冷静一下，看应从哪里入手，解决问题。以下是三大调整方向：

1. 以身体健康为首

善待身体：负面信息可能接踵而来，要先保持平静心态，无须排斥，负能量便不会在正气的身心起作用。乘机多做一直忽略的运动，即使股市跌也能换来健康，也不赖！有危便有机，重组身心健康比一切更重要。身体不好的副作用是要在医疗上多增加开支，而且身体不舒服会影响心理，让情绪更失控。严重影响情绪的两大元凶是失眠和便秘，必须优先治疗。

调好睡眠：失眠是情绪和恶疾的第一凶手，长期失眠的人会急剧衰老，病痛相比于睡眠足够的人也会倍增，医疗开支也相应提高。关于调整好睡眠的方法，请参考本书第三章《和失眠做朋友》一文。

调好便秘：长期紧张导致肠胃蠕动能力下降，便秘又会反过来影响情绪，令人变得烦躁不安，这是体内毒素越积越多的结果。要赶紧就医，别拖。关于调好便秘的方法，见本书第三章《放生大小便》一文，也可参考《爱在 136.1》第二章《自我管理》部分的说明。

2. 改变消费习惯

害怕可能失业、失婚而导致陷入经济危机是没用的，不如积谷防饥，学习基本的理财：

减慢消费：该花的花，该省的省，只要保持简朴生活的原则，你会发现原来平常增加了很多不必要的开支。举个例子，很多人喜欢用盒装纸巾，只要有一盒在附近，便会无意识地顺手抽一两张，抽后才发现其实没什么用途，只是惯性的手势。下次要抽时，可以多想一下，是否真的非用不可？平时三五天用一盒，现在可能两星期才用掉一盒。

慎重消费：价值二三百元的东西，以往你可以毫不考虑便买下，现在可以把这调到 80 元、100 元以上的东西要再三考虑才买。上班族平时的午饭开支非常大，动不动每餐花数十元至上百元，不妨计划自带午饭，大减午饭的开支。

注销信用卡：这是让自己不再拥有乱花钱的机会。卡没了，你会发现一个月内起码可节省一半消费，消除付高息、付欠账的心理压力。

3. 重组心理健康

面对逆境和困局，与其消极怨天，不如积极面对，尤其要保养好心理，避免心理乌云影响自己和身边人。请参考以下几项重组心理健康，改变心态的贴心小方案：

珍惜身边人：原来世界即使要塌，最强大的心理支持不是谁，而是身边还爱着自己或你最亲爱的人，能与你经历风雨，共渡难关，不离不弃。即使是被最爱的人背叛了，你并不是一个人。钱输掉了可以再赚回来，人走了便不能回来。世上没有什么最可靠，除了自己，就是身边人，他们也是能量最强的精神医生，给你从头再来的支持力量。

少说话为妙：向可信的人宣泄一次便够了，多“晒”自己有多失败和不幸，或多怨天尤人不会为事情带来转机。长期向自己灌输负面信息是一种自我催眠，负面的愿念反而会令潜意识倾向靠近更负面的际遇，令命运越怨越不堪。用说话发泄情绪只会使负面情绪交叉感染身边更多人，雪球效应令人更惶恐不安，到头来还是恶性循环害了自己。

提升心灵生活：损失了投资、失去了爱的依靠、被最信任的人欺骗等，噩运的降临其实是最好的时候，乘机修身养性，擦亮眼睛看清楚……关注环保，降低消费，返璞归真，发现重整生活后的你可以过得更简单自在少烦恼。

守望相助：别孤立自己，打开心胸和邻里朋友守望相助，互相照应，甚至多照顾比自己更弱的人，减少没工作、没心情郁闷在家，或胡思乱想的心理自闭机会。

学懂审视治疗师

寻找一个适合自己的治疗师是相当重要的，对治疗师初步的了解，是对求诊之心的尊重和重视。

朋友的朋友遇上了情绪问题，托他寻找适合的治疗师。朋友找上我。我让对方先给我直接发电邮，亲自填写提案的问卷。见面时，我问她的第一个问题便是：“你对我知道多少？”

对方哑口无言，对我不清楚呢，说朋友没告诉她啊。

她是应该事先问清楚的，这是受疗者照顾自己的责任，别抱赌一局的心态，把自己交给一个完全陌生的人。

我替客人做个案，一般必须先了解对方的基本资料和问题所在，他们要先填写提案表格，让我对他们有初步的认识，事前量身订造一些可行的、让他们能自疗的方案，见面时再补充咨询。

我不希望像一般的治疗师或医生一样，见面时才问对方问题在哪儿，浪费时间。两个陌生人碰面，怎能在短时间内了解对方，给予协助呢？

同样，我对受疗者的要求也是一样，希望他们先初步了解要把自己的困扰告诉什么样的人。治疗师也是常人，每个人都有独特的脾性和风格。寻找一个适合自己的治疗师是相当重要的，对治疗师初步的了解，是对求诊之心的尊重和重视。遇上医德有问题的医师，或者误会了治疗师的专长，又或者找上跟自己不能共振的人，只会为治疗经验带来负面影响，对病情没帮助甚至带来坏结果。

当然，要了解一个治疗师，可能比了解一个受疗者更难。因为，受疗者的问题是明显的，他们起码能看到自己表面的问题，需要表达哪些问题。可是，治疗师对于受疗者而言根本没有问题，也不需要表达他们的问题，所以第一次碰面前，只能靠口碑，或者读过对方的著作，看过对方的采访之类而决定是否要见他。这些都是受疗者事前要做的功课。譬如自己根本不想吃西药的，便不要试着去看西医；同样，怕被针灸的话，便不要听谁介绍去见一个以针灸为主的中医，见面后发现要扎针才后悔。见另类疗法的医师要事前清楚地知道那是一种怎样的疗法，跟主流的医术有什么区别，你是否真的希望尝试。更重要的是你是否相信那套方法。

每个人的体质和对待自己身体的方式都不一样，要寻找适合自己的治疗师，不能靠运气、看广告或光听别人介绍，主动认识治疗师的背景和风格，其实也是在帮助你自己。

治疗是否有效果，很大程度取决于你是否选对了治疗师，愿意相信他，跟他合作，和他互动，对他和自己坦诚，愿意经历所建议的治疗过程。治疗前或过程中遇到不清楚的地方，不要害怕提问，你有权和有需要让自己明白到底正在接受什么疗程，原理是什么，效用是什么，完成后你还有什么地方可以自行回去做。负责任的治疗师也有义务向病人交代清楚这些。你别不清不楚、被动地接受治疗，任由治疗师处理，或被医疗权威摆布。在医者和受疗者互相尊重和沟通下，才会有良性的治疗效果。

身心灵体验必须从身体出发

身心灵的重点是先对自己的身体敏感，打开生命最具体的载体，即每个人拥有的、实实在在的血肉之躯。

这个时代流行一个词：身心灵。很多人读关于身心灵的书，上提升身心灵的课，把它当作“心灵”的代名词。甚至有人会误以为谈身心灵、进入身心灵活动就是准备出家修行。总之，追求身心灵，生命便会起变化，不再一样，不再世俗。

大家对身心灵的联想，可能还停留在很玄的所谓灵性的层次，其实抓不住具体。

要了解身心灵是什么，必须先从“身”体开始，再进入“心”理，然后才到达“灵”性的界域。简单地说，身心灵是修养生命的步骤，应该先从关注身体开始，而不是什么灵性、修行等。

身心灵的重点是先对自己的身体敏感，打开生命最具体的载体，即每个人拥有的、实实在在的血肉之躯。如果你没有打开身体非常敏感的部分，你不可能体验敏感的心灵感受。心灵感受最震撼的层次，是我们常常说但抓不住的爱。

真正到达灵或爱的人是个平静的人，经历过激情、悲伤，最后进入平衡的情绪、稳定的感觉中，这种状态的人能量很好。真正体验过深刻的爱的人是一个变得谦虚的人，愿意分享爱，会感动，会感恩。他心里不是没有任何负面的情绪如怨恨或愤怒，但他不同于别人之处，是懂得观照自己，把负面情绪转化成正面能量，不被其影响和操控，不做负面情绪的仆人。

爱和恨原是同一种能量，如果你真的拥抱着爱，不会把它转变成伤害的能量，也不会觉得一个人很寂寞，因为爱的能量像海洋一样大，你会谦虚、会学习、会微笑。这爱的体会最初的起点，是跟身体联结在一起的。

我有一个很深刻的体验。20 多年前出走英国，在阳光下站桩时，我第一次爱上自己在阳光下变得透明的身体。以前的我只会概念地“关注”身体或健康，但那次我是爱上了身体，那种爱不是概念，那是具体地感受到身体的存在就是生命的存在。那具体的温度、具体的光线，莫名其妙从心里涌现的能量是那么地温暖和喜悦。那就是对生命的爱，那感动从身体渗出，那感觉是强壮的，像太阳的力量，它是无穷的、无私的、平等的。那是从生命中（身体里）体验到的具体的、博大的爱。

希望内心平静的人，别费劲向外寻找得道的方法，先回归基本，爱好自己的身体，才能安心，送走焦虑，最后感受灵性的、和平的喜悦。

别走向灵性的混乱

所有事态都有其对立面，不要抽离语境去理解和实践任何道理。

近年，许多人追求灵性智慧、阅读心灵书籍或学习灵性生活。不过，这些所谓走向“灵性”的人，并不一定能借着多接触启发心性的智慧而顺理成章地提升心智，有时思想反而变得越来越混乱，甚至走向极端或迷失。

我们读到某些启发心灵的道理时，最初认同了观点 A，以为找到了人生答案，可是遇到貌似相反的 B 说法时，却像被欺骗了一样。天哪，原来相反也是对的，那什么才是真理呢？什么才是最终的答案呢？我们掉进了心存疑惑、似是而非的陷阱里。

尤其是当你心绪混乱时，读过再多的心灵启迪和智慧书籍，听过再多的智慧大师的开示，还是会摇摆失向，或者堕进混淆的思想陷阱，用似是而非的所谓“觉悟”来解释事情，或故意或无知地混淆是非黑白。

譬如你认同这个道理：每个人都要对自己的言行和情绪负责任。

但假如你只是利用了这个道理来扭曲是非，让自己好过的话，你便是虚伪。如你是制造伤害的元凶，利用这大道理来替自己推卸责任的话，你不过是个利用道德和道理来占便宜的伪君子。

假如你并不是刻意自私或自保，你便是个只参悟了一半的大笨蛋，看不到全面的事态，分不清楚虽然处理目前的情绪是对方的责任，但同时也是勾起他的情绪的你要负的责任。

我们不能抽离特定的语境（context）和事态来定案，为立伟论而立论。我们容易用伟论当借口，推卸应负的责任，这就是虚伪。

我在《爱在136.1》的第五章《你混乱了》仔细分析了这个问题。对于所谓能开启心性的论述或道理，我们不能要求单一的定义或解释，因为这些道理的目的是训练开放的阅读，反对单一的诠释，助你打开更多视野和心胸的度向。因此在不同的情况下，它是可以有不同的诠释和道德标准的，并非自相矛盾，反而是互相补足，增加开发智慧的深度。

开启心性的道理跟一般的是非式逻辑句义不一样，前者会因其特定的语境和旨意而改变意义，后者却有固定的定义。看这两个貌似矛盾的道理：

道理1：生命到最后没有谁欠谁。

道理2：当你浪费别人的感情和时间时，你能如何偿还欠他的债？

就语义上，这两个立论是自相矛盾的。不过，我们要注意一点：两个道理都是正确的，因为它们分别指向特定的语境。

道理1，是开启心胸的说法，对象是太执着于计较的人。当你老是觉得别人欠了你，或者你欠了别人，你的一生也活在自困的内疚或不甘中，无法解脱。

道理2，是提点式的说法，从具体的情况敲醒你别再逃避责任，别再因为自私或贪念剥削别人为你付出的感情和时间。这句话的重点在责任，不在欠债。

我们现在应该看穿一个道理能有多重层面，别笃信非A则B这种绝对性的信念方向。深层次的道理都不可能只给你一个绝对的诠释，就如说："做人要诚实。"假如你无法按不同的场景或语境做出适当的调节，譬如被一直骗你的情人问还有多少钱可以借给他时，你本着做人要诚实的原则坦白告诉他你还藏有哪些财产的话，你便是没救的大蠢材，只懂得守戒，不懂变通，无法从道理中提升智慧。别委屈地自怜，问为何你做人那么诚实、那么好，上天还要这样亏待你，它自有公平的时候。

所有事态都有其对立面，不要抽离语境去理解和实践任何道理，不然只会令你脱离事态，越想越混乱，善恶不分，摇摆不定，最后什么都不敢认同和相信。

02

调好心态的方法

在最伤痛的时候更谦卑

谦卑地学习爱，做好一个人，少为世人添麻烦，少为地球添垃圾，这一生已满有成就。

最伤痛的时候，也是洞见生命奥秘的最好机会。

我想先说一个护理师的故事。

她的工作是治疗别人的伤口，她也拯救小动物，非常珍惜地球资源，平时连一滴水也不愿意浪费，纸巾在家里是绝迹的东西。大家都觉得她像天使一样大爱人间。

因为工作的关系，她面对的人群都是带着伤痛而来的。在护理过程中，经常需要她提供专业的伤口疗愈。对不听话的病人，她有时也不得已责骂，令病人觉得难受，因为她深知只有被说到了痛处，人才肯乖乖学习照顾好自己。对作过恶的病人她并不嫌弃，一心只想通过疗愈感动他，让他得到重生的体验，亲身经历过痛有多苦后，不再为别人带来伤痛。遇上无耻的病人，她会提醒他学习忏悔和谦卑，这种尤其恶劣的病人肯听她的话，伤势都会奇迹般地得到改善，离开时眼睛发亮，感动地抓着她的手说“谢谢”。

在护理的世界久了，什么个案都遇见过，痛的种类和症状繁多，看惯了病症，她也开始训练出很快能洞见新痛症的来龙去脉，甚至比医生还要快，并能推断医治的方法、痊愈的机会和时间，甚至哪些个案是无药可医的，只能交给天。

接触痛症太多了，卸下护理服后的她，即使受到众人的赞颂和敬仰，也难免感到孤独异常，每天在苦海中担当救生员，付出相当多的爱，可自身也难免沾染了过多的痛苦。她有个微小的心愿，希望在放下护理员身份后能做一个单纯、依赖人和天真快乐的孩子，在无条件被爱和照顾的安全感里好好地休息和欢笑。可惜，有时我们也会问上天，为何那么好的人，偏偏得不到被爱的福分，总是找不到幸福的爱？

她经历过几段恋爱，每次都非常痛苦地结束，无比受伤。即使她一直以最大的爱去包容爱人，鼓励他们向善，最终爱人还是将她伤透，一个又一个地离开。第一段关系结束，她希望不再被剥削，要求前任把欠她的钱还她。第二段关系结束，她只求了断，不再活在压抑和恐惧的生活里，从此自由地过活。第三段关系，她一而再，再而三地被伴侣欺骗、拖拉，不兑现承诺，被耗尽了一切的信念、爱和气力，最终还是被无情地抛弃。第四段关系，她替伴侣疗伤，待伤口愈合了，他竟突然要走，并且告诉她，她前生欠他的债已还了，他的伤口原是被她前生深深伤害的，她现在的伤痛也是自作自受。

她觉得一直被上天玩弄着。一个大好人，为人疗伤付出爱，为何反而要承受如此大的伤害甚至是侮辱呢？是人生无常，抑或是可以避免的人间悲剧？

最痛、最绝望的时候，也是重整人生的好机遇。她回顾自己的人生，担当护理员帮助其他生命的任务可能不是偶然的。她需要付出爱，处理伤口，通过承担伤痛才能明白别人的痛，懂得怎样去医治，代价是必然的孤独。有修行者说某些治疗者是因为慈悲，甘愿牺牲自己去治好别人的劣根，忍受过程中的孤清和被伤害。也有人说，今生要做疗伤工作同时要承受重大创伤的人，前生应该是深深伤害过很多人，今生才需要还债，孤清和被伤害是逃不了的，这是因果定论。

当善者遇上最痛的经历，可能是源于慈悲所以要受苦，也可能是自作自受的因果业力。谁能看清楚和定案？在觉得没有被上天眷顾，在感到被无辜伤害的最痛时候，假如问心无愧，已做了自己能做到的最好地步，没有伤害人，没有占过谁的便宜，做了一个善者应有的言行的话，他还能做什么？

要学习谦卑，比认为已做到的更谦卑。

为什么？因为我们无法明白在自己身上发生的不公平、欠天理等事情的缘由。最困扰我们的是看不清因，却结了果。也许自己真的曾经种下恶的种子，因果报应，那只好继续忏悔，放下自大，默默修行自己；也许是一种磨炼，让自己更谦逊地尊重生命，修炼更大的慈悲。说白了，人生走得越远，越明白我们所知道的实在太少，甚至一无所知。只好谦卑地学习爱，做好一个人，少为世人添麻烦，少为地球添垃圾，这一生已满有成就。

如何才能延续平静

我们要改变的，应该是以为混乱不安才是生命的原形这种负面的想法。

某次到香港大学讲课，完后一位女学生走上前来，说听完我谈自爱、谈爱后，感到心里非常地平静，即使是激动地流泪，也是充满喜悦的平静。她问我如何才能把这份难得的平静感延续下去。

另一次在广州番禺办了一次静听爱声疗工作坊。在“观音”自疗后，在特别设计的黑洞自疗后，有学员很感动，说得到了一种前所未有的平静，内心很舒服、很温柔，可是又担心离开工作坊后，这种感觉会不会打回原形，如何才能延续下去呢？

这是很多人都会问的问题：如何才能延续平静的、舒服的心灵状态，不想失去它，不想打回原形？

打回原形，这种想法才是让自己无法抓紧平静的源头。

我们都以为心烦气乱、痛苦不安才是自己的常态“原形”，要靠外在的力量改变自己，才能得到一刹那的平静，可马上又焦虑会失去。我们要改变的，应该是以为混乱不安才是生命的原形这种负面的想法。

何不倒过来这样想：生命的原形原是平静安详，永远有一个中心点，一个让人安心回家的定点，像返回母体子宫的安全感觉，那正是我们的内心。回到内心，找到安顿自己的地方，放松，微笑，自在，享受平静的快乐。人原来早已拥有这安静窝，只是遇上外边打扰人心的烦恼人事，才会动摇，心烦意乱，左摇右摆、患得患失。要延续平静感，就是让自己随时随地记得返回内心平静的原形，这样就不会害怕情绪反弹，能延续平静，像呼吸一样，无声无色，永恒存在的生命爱抚。

关键是调教心态和学习方法。

让心平静，希望延续，便要先准备好地方安放自己的心。那里有一股很强的信念，对自己不离不弃，永远保护自己，爱自己。无论遇上多大的困难或创伤，心还是不离弃我们，还会跳动，保护我们也许已累透想放弃的生命。心是我们最后也是最强大、最可靠的守护者。我们都要一个安定的家、安全的家，心早已是我们的生命中最需要的安全岛。

谈延续平静，应从返回内心开始，还需要保养好自己的心，保持内心的安静，譬如内敛眼神，改善呼吸状态，别流失不必要的能量，还有少接多余的电话，少发多余的留言，少看多余的视频，多返回内心，返回平静的生命原形。平静的爱自然会延续不断地在心里开花，不愁失去。

借用村上春树的话："世上有不会失去的东西，你最好相信。"

调教记忆制造进步的动力

所有的记忆都是我们赚回来的生命体验，再痛也是给我们成长的机会。

我们都活在记忆里，而记忆让我们大部分时间都是痛苦的，不是因为经历的大都是痛苦事，而是我们倾向牢牢记住伤痛的记忆，忘记让我们快乐的记忆。

记忆并不是事实的全部，它或多或少不过是我们堆砌的剧情。记忆像电影一样，可以重新编导和改编，把我们潜意识里想出现的、忘记的、听到的、看到的一一放进去，像布置圣诞树一样，把喜欢的饰物往上挂，也像日本人过七夕一样，把心愿挂在许愿树上。

记忆是堆积愿望的结果，堆砌的结果却并不一定美丽，愿望树会承受不起超载的重量，有一天会倒下。堆砌的东西，烦恼比自在多。

记忆是很个人的，当然也有集体的记忆，社会的、国家的、历史的、文化的，加起来便是所谓的“事实”和“自己”的历史了。就像堆沙堆一样，慢慢堆成一个想象中的我、记忆中的我。其实还有太多经历被筛掉了，没有被放进去，只看到堆起来的我，总是不愿意放下，变成执着，痛苦便来了。

我们记忆中的自己，只是那个想要的自己。

也因为这样，我们过分重视童年记忆，尤其是遇上不快事时，往往回到童年的不幸记忆，为现在的不幸际遇找原因、找借口。无疑，童年经历对一个人的成长影响深远，不过，当我们明白记忆是会随着岁月不断被堆砌和改编的时候，便不应过于迷信童年回忆，应放松一点。放眼目前和将来，比投射过去更能建造生活的正面力量。童年曾经遭受过怎样的伤害，造成现在怎样的性格和际遇，都不应太过沉迷，也不应设定为现在活不好的远因。

我们要让自己长大，每天更新过去，这是做人的责任。

我们长大的背景是父母要肩负的责任，但长大后变成怎样，大部分情况下原是自己的责任，不能推给过去，逃避面对现在的自己。

更重要的是，记忆可以是进步的动力和参考。经历过、犯过错、愚笨过、成功过、失败过，都是生活的教训、成长的功课。经历是美好的，不管是喜是悲，都可以是让人成长的力量。同样，别忘记或忽略了我们应该让自己活得更好，制造更多美好的记忆，让它的数量超越负面的记忆，令人生溢满美好。

人生总有很多伤痛的记忆，同时也有美好的记忆，受什么影响，在于我们愿意选择回望哪一面，放下哪一面。

我们不能选择过去的记忆，但可以选择面对的心态。所有的记忆都是我们赚回来的生命体验，再痛也是给我们成长的机会。因为爱，所以更重视那些痛；因为自爱，所以更要避免再让自己受伤。这便是成长的功课。

培育存好心的觉知

存好心是一种觉知，它本身不只是一种心态或人格，它还是一种精神力量，具备反省能力，能为自己和别人带来和谐和安慰。

我写过一篇题为《良善是不够的》的文章，收到不少读者的回应，分享他们认同善良的人容易受伤害和被占便宜。也有人真的自我反省，坦言自己原来真的无法不求回报地做好人，知道不应再假装伟大，做好事其实是求好报，后果不如预想便埋怨，终于明白自己常常不快乐的原因。

佛家说："做好事，说好话，存好心。"人人表面认同，但在现实生活里，能贯彻认同和付诸实行的人，可以说几近于零。大部分人为何都不敢做好人？除了在险恶的社会上容易吃亏外，原来大家最多只能做到前两样：做好事，说好话。

做好事不难，有灾难捐一点钱，举手之劳帮人买东西，甚至去做义工，为自己积福；说好话也不难，当然大部分不是真心话，说表面好听的话取悦有利害和权力冲突的人，也是自我保护的生存方法。真心懂得为调教正能量而说好话的人已经不多，所以能做到真心说好话，希望别人好，世界好，这种人的心已非比寻常地美好。但我们都知道，说好话不能为世事改变什么，只是让人心里好过一点而已，当然未尝不是好事情。

但存好心，真的很困难。

存好心的条件在于必须拥有一颗纯洁的心，人格上需要无私、奉献和博爱，才能把正念常存于心，不管个人或外在遇到任何困难，都能先正面面对，发动正能量解决，改善和转化问题，大事化小，小事化无。存好心是一种觉知，它本身不只是一种心态或人格，它还是一种精神力量，具备反省能力，能为自己和别人带来和谐和安慰。

存好心的人把良善和行为时时刻刻紧扣在一起，不是讲一套做一套的概念式好人，而是言行一致的真好人。这种好人很有力量，不怕被占便宜或伤害，即使受伤也不会怨天尤人，也不会因为失望而不再良善，反而更重视和珍惜行善，为维护良善更不愿意随波逐流，日渐变质，扭曲人性。

培育存好心的心态能令人变得积极、振奋，改变人生。它是一种心理灵药，能解万难。你会发现存好心的人活得最坚强，不偷懒，打不死。存好心的人未必活得最快乐，但他们的和平不会制造伤害，所以能成为世人的明灯和希望。因为世人活得好，他们自然也感到快乐。存好心的人活在神圣的祝福中，感谢他们让世界多一点美丽和希望。

以愿力影响际遇

人生际遇是随机和缘分的安排，但更多是愿力指挥的结果。

听过“吸引力法则”或“心愿力量”（mind power）精神导向的说法吗？意谓当一个人的念力很强，通过诚心的祈祷向宇宙发出信息，希望某些愿望会实现，这种愿力会变成很强的能量信息，可以调动自己的各种潜能跟外在环境协调，从而改变命运的轨迹，达到心想事成的效果。

简单地说，就是愿力能影响际遇。

正面的愿力让人跟外界产生和谐关系，平和心情；相反，惯性的负面愿力同样会让噩运成真，自己导航不幸。

际遇不好时，我们惯于怨命，发出负面信息，自编、自导、自演自己的命运。可是，人生苦短，我们应该珍惜时光和生命能源，将生命剧本改编得更好。

我所接触的众多个案中，太多都是主人翁的负面导航力太强，自导命运，即使碰上再好的机遇，也会被阅读或转化成负面的信号，不断给潜意识负面的暗示，尤其是当遇上稍微不顺之境时，悲观想法会雪上加霜，将逆境变成灾难。

I am what I think. 我是我所想。

挫折是人生中必经过程，别以抱怨或执着面对，应让自己勇敢地经历和度过，学习管理过程中的情绪变化，这样的态度才算成熟和积极。

每个人的命途大同小异：曾经悲喜参半的童年和青春期，不尽完美的爱恋，事业、家事每遇挫折，拥有一两个知己，大堆不想见但要应酬的“朋友”和同事，赢过输过，开心过悲伤过，可是这些都不足以让人困在受害者的角色中。其实，在大部分情况下，我们是否幸福，在于我们是否懂得珍惜，看到幸福原在平安和健在中。当身边还有可拥抱的人，亲朋还没有离弃自己，身体还算健康，还有工作和微笑的能力时，你已相当幸福。

人生际遇是随机和缘分的安排，但更多是愿力指挥的结果。人生出现太多不能解释，没缘没由的状况，活着的责任不是去管万事万物的成因，那是学术研究、哲学探求，但并不是生命意义的全部，更不是活得不如意，或者被命运作弄的借口。

际遇不顺，与其怨天尤人，不如自我反省，是不是自己发出了过多不幸的信息，导航了自己的命运？没有起伏的人生，才真的被命运遗弃，但面对起伏的人生，可以抱着宽容的态度，这样做不能改变世界，但可改变心态，让生命好过一点。

重新导航正面和自爱的心态，幸福自会靠近。

为别人祝愿

一切活得好，过得好，整体便会改变，自然也会回馈属于整体存在的你。

祝愿是很美好的心性活动，不论你是强壮还是脆弱，不论你富有或贫乏，有没有信念，尤其是当你遇上困难、无助的时候，你也会默默地许愿，愿意一切将会变得更好，一切会有转机，一切会不再一样。这是每个人深藏的小秘密，也是藏在心中小宇宙的正能量。

很多民族不约而同，在新年都有祝愿的传统，反映的是我们需要一切会好起来的寄望。寄望是一种祷告方式，一种心灵需要。记着一句简单而正向的话，容易让我们心安，是定心的一种方法，也是心理安慰。即使没有任何人或神向我们保证这句话会实现，是可信的。但是，我们宁愿相信，因为这样会好过一点。

一句简单的鼓励语，也可以提升自信，鼓励自己进步、增加向前走的勇气。我常常送两句自负、自傲一点的话给自卑的客人：So what?（是这样又如何？）和 Why not?（没什么不可以）。当我们情绪不好，自信滑落时，需要提高信念，向已发生的不如意事说OK，而不是说不。前者是肯定的，后者是否定的，能量不一样，所产生的效果也不一样。

先肯定已发生的，再提升自信，这样才能有力量面对困境。遇到不快事，可以问自己一句：是这样又如何？是又怎么样？不能这样吗？没什么是不可以的，因为我们还有更好的将来，这一刻的一切再差劲，也很快会过去，我们可以改变，因为我们有信心可以变得更好。

能对自己说 So what 和 Why not，比叫自己加油更好，因为你没有否定已发生的一切，你接受已发生的，转化当下的负面感觉，愿意往更好的方向进发。因为你没有困于痛苦中，所以你不再执着于现在，你走得起，勇敢得起，生命不再一样了。

我曾在刚搬到的新居，在空空的白墙上挂上两张亲手写的书法小幅，一张是“没什么大不了”；另一张是“感谢一切的发生”。这是给自己的礼物，默默祝愿自己。“没什么大不了”是意愿多于实情，我们都需要这句安慰的话养活意志。“感谢一切的发生”，别为过去下判断，面向前方，感谢所发生的，祝福将发生的，一切都会更美好。心胸豁达了，还有什么需要执着和忧愁呢？

祝愿自己之余，我们还可以进一步调教心胸，为别人祝愿。

试放下自己的想法和愿望，先从别人的角度想想，你是他，你需要什么？你能怎样做？能做到多少？试从别人的角度设想，是让事情变得更自然和舒服的方法，一切会以最合乎自然和适应各人的状态而做出调教，让关系变得更和谐，而非一厢情愿地祝愿，或盲目地祈福。

不妨尝试纯粹站在别人的角度，为他们祝愿。放下自己的愿望，祝愿伴侣自在快乐，祝愿子女开心健康，祝愿公司能回馈社会，祝愿政府多为人民而非商家、政客着想，祝愿地球安享天年不被破坏。一切活得好，过得好，整体便会改变，自然也会回馈属于整体存在的你。

每样事情的发生都不是单独的，总有或多或少的因果关联。大家活得好，自己也受惠。先从别人出发，放下自我，你将活得更心安理得，不再需要虚弱地向谁祈求什么了。

享受正在做的事

享受正在做的事，把心放慢，变得温柔，尊重所做的每件事情，哪怕是最简单不过的起居活动。

她有情绪病，先是暴食症，医好后抑郁依旧在，还不时有暴食的阴影，所以一直努力遏止自己的饮食需要和欲望，甚至有自杀倾向，结果不断助长自毁的想法。原来她吃东西时都是很紧张的，怀着忧心的心情，吃后很不安，心情坏了，待着不活动，没运动，结果担心会肥胖，想到没出路便心灰意冷，想到死。

问题出在哪里呢？光是吃东西，若不是狂吃的话，是不容易失控地肥胖的。问题在于，吃东西时情绪不好，或者其他压力导致身心需要发泄的话，进食便成为放纵负面情绪的手段，借进食发泄负面情绪，把进食和负面联想混合，恶果便降临。

是有方法调教这种负面心态的，可以尝试最简单、最容易做到的方法，就是学习享受。

压抑自己的行为是负面意识，加添负面记忆，助长潜意识制造更多负能量，蚕食你的正能量，让你不安、疲累、放弃，甚至自毁。释放是自疗的方向，但如何释放很重要，搞不好变成放纵，便是另一种沉溺，回头又是压抑，没完没了。

享受正在做的事，把心放慢，变得温柔，尊重所做的每件事情，哪怕是最简单不过的起居活动。重新关心生活细节上的每一步，吃每一口食物都带着赞美和欣赏，慢慢地吃，打开五官去感受，让自己变得细心。压抑的人容易变得粗心，为了抗拒而拒绝，而拒绝是粗暴的行为，影响心情，对自己和别人都不好。

在享受所做的事之前，应多做一些事前准备，就是给身体一个激活反应的信息。

长期处于不动状态下的肌肉会麻木，情绪保持低水平，因为没有分泌快乐和兴奋的激素。再懒的人也有懒惰的运动方法，让身心马上振作起来，别找借口逃避。

试做这个释放情绪沉溺状态的“最懒惰”方法：用指甲敲打自己的脸，让五指在脸庞上舞动，你会发现脸部的穴位被激活了，感到微微的胀痛，负面沉郁的状态会被这突击的轻量刺痛敲醒，负能量马上被分散，脑袋也不再集中在一项负面思想上。闹情绪的人，若能在每次病发时、思想倾向负面时，马上敲一下脸庞，甚至用手掌拍打自己的脸几下，清醒的意识会马上回来，身体做出反应，这时你的注意力便会被分散。还要马上站起来，别坐着不动，走走路，做一点事情。

注意，关键在活动，不要让四肢停滞不动。然后返回享受做每件事的方法上，情绪便会被正面转化。

别停滞于留与离之间

停留的人生没有选择，流动的人生尽是机遇。能自主命运，是我们愿意开放结局的结果。

几位客人都跟我说，觉得自己选错了行业，每天迫自己做不喜欢的工作，越来越不想上班，情绪低落，大大影响工作表现。细问下，发现原来他们其实根本不知道自己到底喜欢做什么，甚至事实可能是他们根本不想做任何事，生命没有方向、没有目标、没有生趣。

相反，有两位“80后”的女朋友，她们却勇敢地递了辞职信。一位辞职去欧洲旅行，另一位辞职去学音乐。原来的工作也蛮不错的，有学习空间，有发挥余地，有晋升机会，可是她们却认为人生有限，应该趁青春时放眼世界。虽然也可能不知自己最终最喜欢做什么，能做什么，但心里知道，停留在安稳的工作岗位上，要学习的已学习到八八九九，说到喜爱这份工作嘛，也不尽是自己最喜欢投身的行业，不如先停下来，给自己一次重新开始的机会，积极尝试其他不同的可能性，认识不同的人，参与不同的义工，走访感兴趣的人和事，应该会为生命带来新冲击。未来的路，将会渐渐明朗。

滞留是选择，离开也是选择，在于你怎样对待自己的生命，想不想好好爱自己，给自己不一样的经历，看不一样的风景。

停留的人生没有选择，流动的人生尽是机遇。

能自主命运，是我们愿意开放结局的结果。

当生活变得停滞不前，看不到出路，走不出困局时，便应稍为停下来，放个假，给自己冷静的机会，回头看看自己的一生，经历了什么，错过了什么，梦想是什么，日子还想怎么过。世上没有完美的工作，没有完美的爱情，没有完美的家庭，没有完美的自己，但我们可以完备自己，更新自己，过好每一天，因为没有什么比当下的这一天更真实。

过去的已过去，别浪费能量抱怨或遗憾；将来的是将来，需要准备好现在，新一天才真新鲜。先活好现在，先让自己感觉好。这一刻过得不好，下一刻也不会好到哪里去。当下是最有价值的生命，别让每个当下白白流逝，枉送青春。我们都不能保证生命还能活到下一刻。

改变不了外在的条件，离不开目前的选择的话，也可以调教自己的心态，从内而外地改变心情，管理好作息生活，总能腾出空间留给自己，享受安静，做回自在的自己。每天好歹也应让自己好过一点点。假如你还没有找到让自己放松自在的方法，这就是你的功课了。

安静，是为了什么

原来要分辨差异，看清好坏，调教动静，必须先定心，后安静，才能学懂“观”音和“听”见，达至纤细与洞见。

每次浪流到世界的不同角落，我都会特意寻找两处地方：一、有很多树的公园或山林；二、水族馆。其他景点、商场、美食街等旅游区，人多，怕怕。时间多一点，更爱假装自己是当地人逛菜市场和超市，感受寻常人是如何生活的。

但更想看的，还是树和鱼。

看鱼是看造物的惊奇，世上原有意想不到的奇幻生物，以异于人类的方式活泼自在地存活着，真不可思议。看鱼是为了睁大眼睛印证如实的梦幻，把宫崎骏和蒂姆·伯顿（Tim Burton）的奇幻世界活现于眼前，可以醉到不愿走出来。

看树则是回到现实里，亲自爱抚另一种生物的奇迹。树是安静、滋润、坚定、阴柔、冷静和庇荫的融合，尤其是古树。走进山林里抱树，拥抱静，沉淀静，是一种修养。每到一处陌生地，我都会先问当地人哪里有最美、最大、最老的树，假如有山，一定会去走走。我知道，一个地方能沉淀一处安静的角落，应该就是那地方的灵魂深处。

很多人说读我的文字，见到我的真人，都能让他们感到很安静，问我怎样才能修得这份静。嗯，安静的秘密其实不在“静”，原来在“安”。修养之前，需要首先安放好自己。

你能把整个身心安放和扎根在一个地方，就能安心、安全、安家，然后，自能安静。静需要一个能安放自己的家，而这个家，是由你去重建、发掘、安排和安置的。你要先找到一个能量正气、稳定、没有太多杂质的地方，才能安心。心安了，自然会静下来。所谓“静”，需要你懂得选择安置自己，即把自己放在怎样的环境，靠近和远离什么人、事。人和地的质素，能直接影响安心的效果。

当你安放好自己后，下一步，便要安在。让自己自在、放松，让整个身体和心神像回家一样，在自己私密的国度里，随意摆放东西，做自己喜欢的、不用向谁交代的事情。处于这个状态的你会变得柔软，肌肉不再紧绷，眉头也会松开，嘴角不再拉开强笑。

这时候的你原是最安静的你，一切都回归自己。

用过我研发的“静听爱定心铜磬”的人都开始明白敲磬能静心的道理。原来当你还未放松时，你不可能靠任何外力获得安静。过去在自疗过程中，我会通过铜磬来训练受疗者的分辨心和仔细心，更重要的是让他们亲身体验集中能量和放松后的自己，可以发出怎样的振频，敲出的声音像镜子一样，能具体地反映你当下的能量状态。

譬如当我给受疗者聆听第一个铜磬时，对方通常会马上反应：很好听，很舒服，很静心啊。然后我给他聆听第二个铜磬，不一样的磬声让他进入另一个境界，这时他的面容开始改变，猛然发现原来刚才静未算静，好未够好，没有听清楚便下判断。然后我再以不同的方式去敲响同一个磬，或第三个磬，声音的层次多变莫测，让他再度推翻之前的观感，惊讶地发现原来微调聆听和心态，可以变奏出那么细致、丰富和多变的声效。不同的人以不同的力度和情绪，能敲出和听见不同的磬声，调教内在的动静。

几回磬声练习后，受疗者开始不再马上回应，明白原来要分辨差异，看清好坏，调教动静，必须先定心，后安静，才能学懂“观”音和“听”见，达至纤细与洞见。

安静，最终是为了什么？就是准备好身心状态，打开心眼，看穿自己的盲点，心变细，能分辨，长智慧。

修养自己的第一步，原是锻炼定和静，心和脑变得澄明，为的是豁开视野的界限，回头看见自己和生命的本相。

注：关于如何通过敲磬来进入定和静的方法，请参阅本书第三章《“先定后静”调频静心法》一文。而更多关于“静听爱定心铜磬”的详情，可造访素黑的“好好爱”微店或“修养生活馆”淘宝店。

要生定要死，看心转移的方向

学习转向良善的心念，起码可以让当下好过一点。但愿每人内心开花，享受感动生命的美好，即使包围着我们的是不时令人失望的世界。

每个人一生总会想过一两次不如死掉算了。人生多舛，成长充满着伤害，一时陷入极度负能量中，难免会想到极端。

自杀的报道时有所闻，包括学生、年轻情侣、病患。媒体报道的雪球式效应，容易让陷入严重负面情绪者受到集体催眠的影响，寻死的印象在脑海形成具体的图像，激增个案数字。

患上情绪病的人，特别容易在社会死亡意识强烈的负能量场下尝试寻死。我们别只以选择自杀者的“病态”角度掩盖个案所带出的赤裸问题。是什么让他们那么孤独无助呢？光是精神病吗？还是他身边“活坏”的人呢？

压力大，受不了，了结吧。我相信，他们大多不是因为想不劳而获或者不想挨苦的。只是在绝望当下，感觉没出路，存在太虚无。不过更多的是，我们根本不清楚也不了解，更不会明白为何他们宁愿走上这条路。可能我们没有走上，并非因为比他们正常或健全，只是我们有另一种选择而已，正如他们的选择一样。

有人求生，有人求死，多少人在生死边缘留守或徘徊？我们能做的，是在有生之时寻找爱，给予爱，多关心自己和身边人，多想想别人。别等到人不在才茫然失落。感到被遗弃之苦的，不只是选择了断生命者，更多可能是留下来的人。

是活着还是逝去，是选择还是绝路，都是孤独的个人体验，没有人能替你决断或经历。

面对情绪困扰，最终该怪谁，是谁的责任？

要生要死，不管原因是什么，都是自己的选择，不是命定的结果。人天生的品性、性格和心态是可以调教的，调教后世界便不再一样，一切看心转移的方向。我们不可能要求一个无污染的世界、童话里的生活，我们只能改善自己。没错，世界和人性不尽完美，美好的另一个却也是事实。面向世界，面向自己，我们可以选择爱或恨，结果可有天渊之别。不是说选择了爱便不再痛苦，我们都知道爱其中一个重要的部分也是痛苦，但当下的感动，心眼打开看到的美善，是选择恨者不可能体验的。

痛苦可以助长恨，但也可播下更珍惜爱的种子。

我们可以保持觉知，守护良心和滋润爱。先改变自己，世界自会改变，虽然不一定以我们希望的内容和方向呈现。学习转向良善的心念，起码可以让当下好过一点。但愿每人内心开花，享受感动生命的美好，即使包围着我们的是不时令人失望的世界。

愿已去的人安息，还在的人自重。

不容有失害死你

固执是死穴，弹性是生机，你看哪个才是真正的智慧？

因为聪明、能干、出色、体贴、自负、要求高、效率高，时下女性活得越来越精神紧张，情绪困扰，危机心态，身心不协调，令她们未老先衰，好不自由、不快乐。

譬如她，33岁，月入数万元，未婚，没恋爱，要求特别高，脾气不甚好，做事一丝不苟，对人态度傲慢，不轻易相信别人，也不愿意聆听，所以朋友不多，知心的更没有，工作以外的生活虚无一片。她是知性爆棚、感性低能的典型，心想出嫁，却遥不可及。

因为个人成就而形成无比的压力，更需要精神和心灵的生活平衡自己。偏偏在感情上毫无业绩，在缘分没来临前只能不断鞭策自己，结果容易情绪反弹，造成执着，要不瞧不起爱情，要不便怨命找不到好男人。理性时能放下感情需求拼命工作争取成就，下班后一个人寂寞时便情绪失控，甚至一时糊涂随便找个一夜情对象发泄自己，事后又后悔。

像她一样的女性活得充满压力。压力来源有很多，最大的问题是她们像男性一样知性发展过高，没有注意同时平衡发展同样重要的情感智商，以至于忽略了照顾自己及别人的感受。她们的感情生活大多不甚畅顺，不少因为在发展事业的同时失去或阻碍了发展感情或建立家庭的机会，以致情感上出现不平衡症状，对自己和别人容易表现出压迫感，尤其是对下属、亲人或异性要求甚高。在感情真空的现实生活里，偶会一念之差否定自己的成就，悄悄羡慕平凡女子拥有幸福的感情生活。

有人甚至费劲在异性身边时扮演自己不擅长的小女人角色，为的是不想失去择偶的机会，结果角色不讨好，伴侣不领情，顿生失败感，骨子里对实现完美的自我没信心，于是悄悄否定自己，埋怨对方，酝酿情绪病态。

要维护精英女皇的地位，代价是必须强迫自己对万事要求超级高，对所有事情都照顾周全，守护自己定下的价值框框，不容有失。

正是“不容有失”害死你。

再有成就也活得不快乐，这些令一些精英女人渐渐明白平衡身心灵的重要，开始修养自己，修炼瑜伽，参加心灵活动，希望补足精神生活的残缺，稍为调教牢不可破的原则，也不失为正面的自疗取向。

你需要调教要成为完美女人的执着。做人可以轻松一点的，没见过紧张焦虑的女人能散发妆容以外真正的美丽。扭转心态，学习拉开待人处事、容人容己的宽度，你的眉心才会拉开，内心才变得广大，容得下更多，无须执着成性。固执养不出平衡和自由的身心，别做愚笨和固执的奴隶。宽松一点点，快乐自会多一点，便秘胃痛少一点，开怀欢笑自然多一点。

固执是死穴，弹性是生机，你看哪个才是真正的智慧？

所谓人生成就到底是什么？人真正的成就，应该是情理平衡，放过自己，能放能收，给自己和别人留余地，懂得放假，追求简单已足够。人生，从来无须非如此不可。

调教强迫心瘾的“三放”原则

明白放松身体、放过自己、放下执着、放眼四周、打开心胸的道理，你将懂得从容、包容和宽容。

我们或多或少染有一定程度的强迫症：迫自己做到一百分，迫恋人为自己改变，迫孩子名列前茅，迫下属替你加班打拼……造成长期精神紧张和压力，活坏自己，累坏别人。

强迫是一种心瘾，容易变成惯性心理失控，需要调适过来，假如你不想未老先衰，或终日被别人在背后埋怨诅咒的话。

人可以活得轻松一点，同样能有所为，办法是先把拉得紧巴巴的情绪橡皮圈放松。不妨记下这调教自己的“三放”原则：

1. 放松身体

在多疑、焦虑和不安时，马上抽离所思所想，动员身体，离开令你不安的现场，去喝一口茶，看一本书，听听音乐，做做运动，甚至对着镜子里的自己傻笑，拉开收紧的肌理，修补变坏的细胞，正面地调教潜意识状态。真正的美，是懂得让身体新陈代谢，而非在身体的外墙涂上修补和遮掩的化学颜料。

学习重视而不紧张，温柔一点去爱自己的态度。人天性爱美，追求美的东西，别忘记把美内化，将自己的生命如艺术品一样去尊重、欣赏和包容。发觉自己已失去力量，心开始动乱时，不妨尝试温柔地爱上自己，你将感到幸福和安心，你的自在美能感染自己和别人。

2. 放过自己

自我压迫很大程度是否定自己，不懂得欣赏自己的能力和美丽的结果。学习从欣赏的角度看以为犯错、不完美的细节和小事，以大方、宽宏大量的心态，包容小过错，拥抱一笑百虑忘的胸襟，让小错处、小毛病、小瑕疵变成生活上一小点越轨顽皮的甜点，点缀过分刚强的理性。当然不是叫你去拉低水平，包庇错误，但因为别人的错而紧绷自己也是一种笨。不值得为别人的不是拉自己去陪葬。世上没有绝对的错，只有绝对的执着，使我们蒙了眼睛，迫死自己。

自我欣赏，不拘小节，才有大将之风，令自己和别人感到从容自在，对工作和人际关系有百利而无一害。追寻心灵自由和解放不是要抓紧什么高端复杂的方法，相反地而是要放过自己，别再自我压迫。

3. 放下执着

当你只看到眼中的钉，将没余地看到问题的转机。眼前的沙石会阻挡视野，浅薄的眼界只会收窄人的心胸，妨碍智慧的增值。追求完美强迫症最大的危机是让自我放大，视野收窄，进而让心胸收窄，容易变成刻薄和苛求，给自己和别人极大的压迫感。在职场上，这种情况只会降低工作效率和效果；在感情上，只会让人感到为爱吃不消，受尽委屈，这样的心胸对大环境没有好处。

明白放松身体、放过自己、放下执着、放眼四周、打开心胸的道理，你将懂得从容、包容和宽容。

学习先尊敬孩子

孩子是来助你处理你一直逃避或漠视的问题。尊敬孩子原是尊敬生命的原貌。

很多人只懂得问：为何父母要生我？

很多父母也忘了问：为何孩子要出生？

有人很想生孩子，可惜无缘找到伴侣，年纪已大不能生育了，视之为人生一大遗憾。

有人生了孩子不懂得珍惜，视之为负担，每每利用他，伤害他，作为和伴侣吵架和讨好处的工具。这些受害的孩子，长大后写信给我，说恨透自己的父母，同时也恨透自己，不能去爱人，也不能被别人爱。有些已对人失去信任，随便和别人发生关系，随便抛弃人，不留情，没恋爱，麻木不仁，为自己的无情感到难过，却无法知晓该如何活得好过一点。

想生孩子的女人告诉我，作为一个不完整的女人，看到别人的儿女长大，心里酸溜溜的，回想曾经有过可以生育的机会，不是孩子的爸爸不长进，便是不小心流产，结果爱情也流产了。现在一个人很孤单，渴求有孩子相伴终老。

可我想告诉你，别以为孩子的出生是你安排的结果。

怀过孕的女人都很清楚，孩子是否能成功出生，很大程度不由你控制。羊水突然穿了孩子就没了，你再小心也有可能保不住不想出生的胎儿。怀着再大的意愿、再大的爱，也无法通过祈祷或愿力的方式确保怀孕，生出孩子。相反也一样。你再不想怀孕，偏偏就是怀上了。孩子好端端地等待出生，等待你接受他，乖乖地学习如何养育一个小生命。

孩子要来临，总有一个对你和伴侣而言很重要的信息或任务，只要你细心看，自能发现，孩子是来助你处理你一直逃避或漠视的问题。

譬如她，一直负面地看待生命，希望快快做完要做的事情便可离开世界，不想再麻烦了。然后，她怀孕了，期间发现身体藏着几处不同的肿瘤，借着怀孕帮助身体彻底排毒，一一被激发出来。孩子出生后，半年内把三处肿瘤清除。然后，她遇上生命中最大的创伤，幸好肿瘤已清除，否则创伤容易激活肿瘤，很大机会上会演变成恶毒的癌症。

孩子是来救母亲一命的，助她彻底清理自己，带来重生的机会。这个孩子是来教会母亲如何爱自己的。可是她太粗心，一直没有注意到孩子对她的恩典，活在埋怨中，失去了生命的乐趣，在孩子身上没有花足够的精力和爱。于是孩子在成长过程中长期活在不安中，觉得妈妈不爱自己，变得暴躁，故意发难，和妈妈斗气，希望换取她的注意和更多的爱。她还是没有看懂孩子发出的这个信息，却嫌孩子不听话。

细想孩子的出生为你带来了什么？该好好回报他对你的爱。

孩子的存在价值，是给予生命最大的希望。孩子的出生是对你的生命最大的肯定，孩子的成长是对父母关系最大的肯定，孩子是给大人的生命最大的安慰和教育。

懂得向孩子感恩的人，懂得爱是怎么一回事。

你得先爱好你自己，对生命怀着爱和尊敬，做个能爱的人，从尊敬孩子开始。

尊敬孩子原是尊敬生命的原貌。我们都没有资格教孩子什么，是孩子来教我们重新认识生命的原貌，回归童真的喜悦和探索，打破停滞的命局。我们和孩子互相分享经验和感觉，互相学习成长。

爱不是拥有，孩子并不属于你。应让他们回归大地，让他们的成长回归人性的美好。这是大人对孩子、对新生命最基本的道义和责任。

悟性的秘密，原是温柔

尝试回归生命最原始的被爱经验，那是母性的温柔，能软化最大的伤害。

我们都抗拒伤痛。

遇上伤害、摩擦、失恋、背叛、离弃时，我们往往着眼伤处，没有看到伤痛带来的收获。每个际遇都是生命的启示和教训，能转化负面能量的话，人便能从伤害中成长，把悲伤变成礼物。

挫折是不幸，但也是机遇。面对挫折，人变得前所未有地坚强或脆弱，但再痛，也别忽略感受情绪起伏时那个不由自主的自己。想想，还会有比这更大的不幸吗？还会发生更多不可理喻的攻击和批评吗？还会遇上更大的绝望是什么？更大的伤害是什么？

假如在此刻，你以为已遇上毕生最大的挫折或打击的话，恭喜你，你的免疫系统正准备好升级。人要遇到最大的伤害，才能修炼最大的坚强。但这并非必然，要做到，条件是你愿意自爱。

很多人因为病过伤过，变得前所未有地脆弱；有些人却反过来，变得无比坚强，站得更稳，继续走下去。为什么会有这样的极端差异呢？关键在你对生命的信念是否够强大和坚定，你是否愿意相信生命的本身是美好。若你还相信生命应该可以更美好的话，你会变得更强壮，从伤害中瞥见爱，滋养更大的慈爱。因为狠狠地体验过切肤之痛，更希望爱不应该变成这样，生命可以不是这样的。活坏了，需要停下来，应该停下来，回到信念的原点，不再执着于历史和关系。

暴力、争执、纠缠、执着、感情用事、把问题合理化……都是破坏内心和平的负面力量，劳损心神。心，原是用来感受和表达生命，分享爱的神圣地方。

那怎样才能把最大的伤痛转化成正面的心力呢？

是温柔。

心最好的状态原是温柔。调教内心最有效的方式不是理性的说服、意志的改造、思想的洗礼，这些都会制造负面压力。尝试回归生命最原始的被爱经验，那是母性的温柔，能软化最大的伤害。母亲抱着新生儿的温柔，哺乳类动物对孩子的舐犊温柔，都带着惊人的保护和治疗力量。这是温柔最强的功能。

面对伤痛，用对孩子的温柔对待自己，自能提升自愈力量。

当我们无时无刻不和自己作对，不和别人对峙，不和世界抗衡时，挣扎不安的心只会带来更大的对抗和伤害。学习温柔，就是学习孕育平静的身心状态，重返婴孩时期被爱的体验。给自己一刻静默的温柔，爱抚舛乱的心，突然，一切将不再一样。

悟性的秘密，原是温柔。

做自己喜欢的事情

为什么需要把干活和喜欢的事混为一体，自寻烦恼呢？只要不执着于形式，打开眼睛，保持创意，自能把最平凡的东西变成传奇。

做自己喜欢的事情，才有真正的快乐。

这道理大家都明白，但想来容易做来难。喜欢做的事，大多是不切实际，或者喜欢无所事事，被世人称为没出息，不会有成就的那些不三不四的琐事。譬如，赖在床上睡个饱，什么也不做，疯狂地做爱，吃甜品，看电影，去流浪，玩乐器，写写诗，和爱人在沙滩漫步看星星。

多么愉快的存活状态！能够经常做喜欢做的事情当然最理想，但世事往往不如意。你会问：只做想做的事情如何平衡现实？对啊，看电影需要钱，流浪需要旅费，想当明星哪有机会被看中，想和心爱的人永远在一起，这想法比得到一切更奢侈。做想做的、喜欢的事何其困难。不能靠它干活。

可问题是，为什么需要把干活和喜欢的事混为一体，自寻烦恼呢？

我们无法不顾一切任性而为，但可扭转心态，分配时间和精力，转化日常生活所遇所闻为快乐资本，令自己高兴。只要创意一点，生活自会出现离奇可爱之事。

举个例子。我喜欢看鱼在水里游得悠然自得，那样自会心情开朗，重返童真。偶尔抛开工作想到有鱼看的地方，尤其是遇上不快时，负面能量过盛时，需要马上想看鱼怎么办？到水族馆吗？太费劲兼花钱。到卖鱼的地方看？人太多没雅兴。自己养？又徒增饲养的责任和精神。瞧，这么简单的事，原来也有诸多理由难以如愿。但真要看鱼的话总有办法，只要转转脑袋，天真一点。某天我在家附近的超市，欣然发现活鱼档，真了不起。傻傻地站在鱼缸旁醉看和傻笑，已经乐坏了。谁说看鱼一定要到水族馆？

只要不执着于形式，打开眼睛，保持创意，自能把最平凡的东西变成传奇。

走出去，打开眼睛看，令你欢喜的事物，其实早已在身边。

生活里有很多局限，难以自由自在，做喜欢的事情。但一切不过是心态转变和时间分配的具体管理学问题而已。只要你别太理想主义，别强求必须改变现实成全你。睁开眼睛，换上童真的心，处处有惊喜。世界不会为满足你而改变，你只能学会知足，随遇而安，扩大快乐的资源，从简单里寻找乐趣。

每天起码用一刻钟，安排时间给自己任性和寻找快乐，平衡做不喜欢的事带来的压力。即使无法出走，你还是可以做白日梦，只要还有梦。快乐，可以随传随到。

慢活，有什么好？

慢生活是呈现爱自己的一种放慢方式，而这种方式紧扣在生活里。学习重新和我们一直忽略的东西建立亲密关系，学会尊重它，做好它。

我们都想活得更好。

假如有一种方法能实现这个梦想，而你只想到要添置什么、改用什么、搬到哪里才能实现的话，嗯，你搞错了方向。

优质生活的重点不在于你拥有什么配备，不是那个茶杯、那件衣服、那个包包、那幅油画、那间临海的房子，而是从你的生活节奏中体现出来的。

假如你吃得匆匆忙忙，走得急急赶赶，眼睛看不到路旁的风景，彻底被半年换一次型号的手机占据大部分视野时，我的天，这时给你再高档次的餐具，再名贵的房车，再精致的旅行箱，你的生活也只能是暴发户式的劣质，比盲目更视障。

为什么在中国的云南、意大利、法国南部、加拿大、日本的京都等地待过的人，都会自动慢活起来不思乡？蓝天白云和清洁的空气带给你的是放慢的节奏，你没有任何理由在悠闲的地方闯红灯过马路或插队买车票。在连花期都比城里催生剂下成长的花长的地方，你除了养生外，没有其他需要做的事。放慢，就是生活质素的保证。你甚至不需要最优质的衣食住行配套。你可能没有足够的钱买有机菜吃，可能穷到连坐公交车的钱也得省下来，但只要你以放慢的节奏过活，在知足中自然常乐，你的生活就是优质生活。

慢的节奏是一种回归泰然的状态。生活节奏太快的人，能量是往外流放的，容易失去自己，不知道自己在干吗。慢的好处，可以让我们放缓，回归。

而“爱自己”和“慢生活”是分不开的。

“爱自己”有很多方法，像我书中所说，要从最基础的喝好一杯水，睡好一觉，穿好一件衣服开始。慢生活是呈现爱自己的一种放慢方式，而这种方式紧扣在生活里。重点不在“慢”，而在“生活”。“慢”只是一个方式而已。别以为我在说什么都要慢、慢、慢。重点是我们要抓住生活，不是思想，不是其他。譬如，放慢能使我们学会重新和一直忽略的东西建立亲密关系，学会尊重它，做好它，慢慢地和它产生新的互动，用放慢来活好，这就是爱自己的路线图。

这个社会节奏非常快，我们走路很快，做什么都很紧张，如何调整、改善我们的状态和节奏，需要方法。我们要从穿衣、吃饭、睡觉等最基本的生活作息来让自己变得温柔，而不是从读书或者思想来调整，这个才是最踏实的生活态度。

消好你的费

别假设要收钱就是可恶和虚伪的。能互相循环正能量的消费便是功德，别神化不沾物质或金钱交易的病态洁癖。

常听到这样的价值观：“真爱不能用钱买，好人都不应该牟利。”很好，但假如你把这些话扭曲变成助长自己守财不付出的话，你其实在养活讨便宜的贪念。

别在贬视物质和钱财的同时不自觉地死守它。你希望世上有好人，好人应该自动帮你、救你、安慰你，免费才算真心。其实你潜意识里不过想占便宜，用两元买价值十元的好东西，说白了是损人利己。所以在你的价值观里，带爱的医师应该免费义诊或医疗费不能贵；大爱的作家应该在网上发表作品不用你花钱买书；灵性导师都应该开办免费讲座或课程拯救迷失的你，好心的人都应该不收分文为你服务才是非“商业化”，真心好。

你不是这样想的吗？你察觉到自己的偏激和矛盾了吗？

别抽离现实，要求有道德圣人关照你，你却暗里讨便宜。

每项生活细节几乎都离不开金钱交易，别假设要收钱就是可恶和虚伪的。有什么工具可以帮助你提升自己呢？靠自己获取的可以免费，靠别人的哪怕是一本书，也是一件商品，而商品不是罪恶。邪恶在你想偏的脑袋里。

别盲目地对商品反感，你需要向别人的智慧借鉴，用别人的产品。好人好事都有成本，你应该感谢他们生产了好商品助你改善生活，提升心性。消好你的费是互相尊重和帮助的好品格。即使你追求环保，也不代表什么都不应该生产，这是无知的想法。环保是以不胡乱生产废物当时尚，不鼓励盲目消费奢侈品。消费是正常和必要的生活细节，没有抗拒的理由，重点在如何珍惜和不浪费。

一本书、一杯茶、一件衣服、健康食品、静心用品都是商品。你可以自己织布造衣，但棉麻的种子也要买，自给自足也有价。良心消费能帮助商人养家谋生计，能互相循环正能量的消费便是功德，别神化不沾物质或金钱交易的病态洁癖。

我在情绪管理工作坊内，跟同学玩了一个游戏，调整他们的价值观。游戏是这样的：我让大家为一件产品定售价。譬如，假设你开面店，煮一碗面的材料成本是 10 块钱的话，要你定售价，你会卖多少钱呢？

假如你是老板，你可能知道应该如何合理地定价。但一般消费者不懂，只懂看价格牌，然后说好便宜，或者好贵啊。说便宜或贵的背后可能是不经大脑，只凭感觉或贪念，觉得很喜欢那东西，不过就是不想付那个价钱。

是这样吗？那，这个训练很适合你，能帮助你发现自己的消费盲点，同时调教自己对消费的心态和修养，看你到底是不是一个守财、吝啬，或者合情合理、懂得欣赏抑或节俭的人。

知道一碗面的成本是 10 块钱后，有人“觉得”应该卖 12 元，最多 15 元就好了，因为他是站在消费者的个人意愿上去思考的，没有想清楚这是否合理。或者有些人以商人的角度去想，他可能觉得卖得越贵越好，譬如能卖 80 元甚至更多才能赚够甚至致富。

先不要断定谁对谁错。不管你是从哪个角度来定价，都应该先考虑以下的客观成本：

1. 时间：需要多少时间成本？同样的时间，你做其他事情可能得到的回报是什么？

2. 工资 / 租金：需要付多少租金和工资给制面的人？

3. 物流 / 行政：是否涉及运输成本和其他行政费用？

4. 比较市价：会考虑以哪个档次推出，同类品牌卖多少？

5. 可持续营运：要赚多少钱才能维持营运，并进一步发展事业？

6. 折扣：预算折扣后的利润。

7. 预计售卖量：这可决定单品的售价。

8. 创意：别忘了有特色的产品需要创意回报，鼓励创意。

9. 税务：利润税和食品许可证费用等。

10. 广告费：需要吗？

11. 意外损失。

12. 研发和改良成本。

假如只是一般平民地区的面店，这碗面的售价定在 30 元是合情合理的。假如是高端地区做高端面店，总成本可是数倍甚至更高，这碗面卖个 80 元或更贵也有它背后的道理，不一定是暴利。

良心，是买和卖的原则。

下次，当衡量一件货品的价格你是否“喜欢”或“感觉”合理时，应理性地细想背后的合理成本，再看售价是否合理。不要养成贪心或无知的坏习惯，老是说“好贵”。在消费时，应学习尊重良心货品背后的制作心血和精神，也要学会向暴利货品说不。

平衡了尊重和不养成贪念后，也应该学习去欣赏别人的心血结晶，提升修为和气质。

举一个例子。日本的京都是一个有修养的城市，弥漫着安静和优雅的文化气息，到处是充满艺术感的手工艺：手工服装、布料、陶艺、家具、茶器……每一件精品的手工都很精很细，哪怕是一张纸，也可以是代代相传的工艺，可能已经做了几百年。因为太精致了，也因为一生只做好一件事，把全部的生命和生活都投进去了，所以也能理解，在京都没有便宜的东西，你要付出高昂的价钱去养活这种绝活儿、严谨和坚持。正因为这种认真的态度，令你对于金钱和付出的认知不再一样了。在纯粹的认真面前，每一件东西都是无价的，非常值得去尊重、去欣赏。

可我们却常常这样想："哇，这个东西很漂亮但是很贵啊！可不可以便宜一点？"你知道你在说什么吗？为何当你乱花钱买烂货时却毫不感到昂贵呢？纯粹的用心和认真的工艺超越了买卖交易，它是分享的过程，是对方很细心地做一件艺术品给你，你想拿回家，完成能量交换，那你就要付出。

当你懂得这个付出的道理时，你的价值观就会改变，你的消费习惯和其实很怕付出的吝啬心态就会改变，你从此不会再浪费一毛钱去买不应该买的东西，你会学会欣赏甚至追求一件真正好的东西，钱不够的话你会储钱去买，很感恩地把它抱回家。同时，你会开始断舍离，清理家里多余的、乱乱的、烂烂的东西，把空间留给带着用心做好一件事的气息。

从此，你的气质不再一样。

03

逆转负能量的实用急救法

学习防止吸取负能量

当爱很强大时，它可以融化一切负能量，但凡人的爱最大的弱点正是不够强壮。

客人问：“我是不是特别容易吸引负面情绪的人呢？为什么我靠近的、爱上的、合作的人都是情绪不好、容易抑郁、会大发脾气的浑蛋？是不是我的心理有问题？”

特别容易吸引负面情绪的人是有理由的，不一定是命数。心态和思想负面的人，他们拥有高浓度的负能量，这些负能量需要不断向外扩张势力，才能生存，助长自己。负能量需要大量“食粮”，所以它喜欢吸纳成员，越多人加入它越满足。我们不难发现，负面的人总是拥有一股难以说清楚的吸引力，他们忧郁的眼神、悲伤的神态，往往相当吸引人，让人很想上前拥抱他，抹去他的悲伤，给他很多爱。

这是邪气喜欢吸纳正气的结果。正气若不懂得分善恶，容易被拉进负能量的旋涡里，难以自拔，最后被负面情绪感染，变得忧郁伤感，很难再走出来。因为不忍心离开，总觉得自己能帮助对方跳出来，可自己却在不知不觉间被拉进万劫不复的负面世界。

我们可以帮助受困的人、负面的人，但首要的条件是有足够的觉知能力，能辨是非黑白，情绪要稳定，心智要成熟，明白世上没有只有你才能帮助的人，也需要明白你并不是能帮助他的人，最终需要靠他自己。假如你是比较容易不快乐的人，应尽量少接触或结交负面的朋友，遇上也不宜太投入感情，因为你较容易被他们“吸蚀”精力和感情，导致自己疲惫，心态也变得负面可怕，容易胡思乱想，自寻烦恼。

女人尤其受不住负面病人的引诱，容易投放母性，以为爱能改变对方，让他好起来。你错了。当爱很强大时，它可以融化一切负能量，但凡人的爱最大的弱点正是不够强壮，在自己也变得容易质疑爱，爱得有心无力时，你怎能用虚弱的爱医治别人长期积累和强大的负能量呢？

可是，真的要不理他们，让他们自生自灭吗？不，他们需要帮助，但有能者并不一定是你。先放下个人情感，让他们接受专业的治疗和辅导，靠近强大和正气的正能量，如找适合的治疗师、自强课程，甚至开放的宗教组织等。其实他们真正需要的是自爱的觉知，愿意改善自己，而非披着寻求帮助的外衣，蚕食别人的爱。他们能配合的话，自能逐步改善问题，不用你过分担忧。自己先活好，才是给他最好的启示，他便知道应如何活好。

距离是最好的缓冲剂

关系再亲密也应该有自己的生活方式，别多管多问别人。保持距离自能相见欢，关系长久可亲。

J的婆婆对她很苛刻和挑剔，总觉得她抢走了自己的儿子，处处为难她。虽然她和丈夫都希望孝顺，但无论做什么婆婆都不满意，两家人住得很近，常常见面，结果产生很多不必要的摩擦。

D和家人住，很早便想搬出来，但怕母亲会寂寞，想多陪伴她，可回家总被母亲管，在家没隐私，叫母亲别碰她的东西，母亲会觉得女儿不孝，嫌她老了烦了。她的工作压力已经很大，加上年过30岁还没有谈恋爱，面对好管闲事和批评她的母亲实在受不了，结果患上了轻度抑郁症。

K的太太很喜欢管他，他每天必须打几个电话向她汇报行踪，永远不能一个人去旅行或活动，吃饭、睡觉必须一起，不然她会觉得他不爱她了，婚姻生活必须如此。K 受不了，天天和太太吵架。

最好的人际关系，是亲近地保持距离，绝不勉强谁。

这道理不少人明白，但是难以明白地做到。当你想和别人靠近，建立感情和关系时，你总想更多地知道对方，掌握对方，控制对方，让对方迁就你。你会在不知不觉间以你自己喜欢的标准向对方提出很多要求，觉得对方应该怎样怎样做，让他受不了，失去私人空间，感到窒息难受。可是，你通常没有察觉到问题，还以为自己的要求很合理，甚至觉得自己已经很开放，很包容对方。其实你在制造压力，却浑然不知。

我们都容易忽视了原来不自觉地介入了别人的世界，干预了别人的天地，侵犯了别人的隐私和自由。我们都不希望别人干扰我们的世界，管我们太多，但我们往往是第一个先管别人的家伙，可恶地因爱之名。

当关系恶化了，当你再做什么也好像不管用，不做什么也会无奈地引起对方的不满时，这个时候，保持距离是最好的缓冲剂，应该分开住、出门远行、减少见面等，让双方回到自己的角落，有冷静的机会，面对自己，少管别人。

管人是心瘾，虚耗自己和别人的能量。保持距离好，让自己转坏的脑袋得到休息，不再纠缠于天天见的困局，把紧张和执着稍微松下来。待能量回归了，才看清楚道理到底在哪里，拥有客观的自我反思力，才有解决和改善问题的机会。

不尊重别人的生活和隐私，破坏本来好端端的关系，是强迫对方远离自己，走到分裂成仇的地步，真不值得。关系再亲密也应该有自己的生活方式，别多管多问别人。保持距离自能相见欢，关系长久可亲。

每天给他三分钟

从愿意全心全意聆听对方开始，学习表现爱与关怀。在这三分钟里，你是他的，他是你的。

当你感觉不到被关注、被爱时，是因为你没有被全然地欢迎，全情地聆听。

大人埋怨小孩子难教不听话，不是因为他们是天生小魔怪，喜欢和大人作对，而是大人没有聆听他们，只要求他们听话。一些青年人反叛，自我放弃，稍微了解他们的内心都会知道，他们最渴望得到的其实不是物质，甚至不是真的需要游戏，他们只想父母少唠叨，多聆听他们的需要，关心他们的感受。女人埋怨男人不够爱她们，多半因为男伴从来不喜欢听她们说话，对她们没耐性；男人埋怨女人不够体贴，也多半是因为女伴只管说自己想说的一大堆话，没有细心体恤男伴真正的需要。

原来我们都没有好好和身边的人贴心沟通过。

问题是，怎样做才能让对方感到被关注和被爱呢？

很多人其实很想靠近所爱之人多一点，越是想爱他们，越是不懂得表达。希望多关怀他们一点，就是不懂如何做。不懂是正常的，因为我们确实没有在爱的表达上被教育和感染过。自小的语言训练里没有被鼓励表达情感和情绪，尤其是男性，本来就不善于用语言表达情感，在亲密的人面前，在沟通的关口上更是紧张，战战兢兢，不知所措，结果被女伴误以为对自己冷漠不关心，他们无辜又无助。

改善沟通难，容易在强迫自己自我改造时徒添压力。表达是艺术创造多于技巧训练，需要长时间的调教，建议先从聆听开始，从愿意全心全意聆听对方开始，学习表现爱与关怀。

全心全意是重点。

你到底说了什么、做了什么都不重要，重要的是你是否把所有心神投注于沟通的当下，投注在所爱的对方身上。即使你们靠着坐在一起，表面在聊天，眼睛和心皆远离对方千丈远，忙着玩手机、玩游戏、看电视，三心二意地“关心对方”，效果当然大打折扣，对方心里当然不是味儿，感到被忽略、被敷衍。

别再埋怨不懂得跟所爱的人如何沟通，别再说你“真的”已经很关心对方，其实你需要做以下简单的事情：

每天起码给对方三分钟：看着他，触摸他，聆听他，给个笑，把全部关注力投向他，让他知道这一刻，这三分钟，你愿意放下其他的一切，走进他的生命里，把你的世界交给他，也让他参与和分享你的世界，融进彼此的生命里。聆听他说话，或者纯粹安静地靠在一起，用爱看进他的眼眸里。

在这三分钟里，你是他的，他是你的。

假如你连每天三分钟也付不起，还谈什么关爱？这全情投入的三分钟，足以激活感情和被关爱的感觉，尽在不言中。

“先定后静”调频静心法

定心，是为准备安静。让自己安静，秘密在于动中求静。心安定，才能看懂情况，理性地改善事态，修补问题。

我经常被问到如何能看清楚某人是不是好人，某工作是否值得做，某健康食品或治疗方法是否真正适合自己。

没有人能准确地告诉你答案，因为最好的判断者还是你自己。

人越来越麻木，心乱了，自会失去洞悉人、事和自然环境的直觉力。

我们常受到外界干扰，容易迷失，直觉能力变得越来越迟钝，非常依赖消费品和权威。谁说什么好，广告或名人推荐的便买来试试，连内容也不看不关心，理由是没时间，或者说我不懂。我们的生活模式是被动的、被摆布的，心是封闭的，需要学习开发心眼，让身心变得细致，返回敏感和敏锐的直觉力状态，才能看透世情和人事，看清楚真正的自己，到底自己需要什么，别人需要什么。

要打开自己的身心敏感度，重点是先找到安心的方法，就是让自己安静。心不够定，便无法看到真理或真相。

可是安静不容易，因为我们的生活状态很混乱，往外面跑，凡事只看外表，没有学习向内看，观照自己。太多人对事物早已失去了感觉，生活变得淡然无味，工作如是，交友如是，学习如是，感情如是；视而不见，听而不闻，五官封闭，感受不到世界还有温度和爱。这是可悲的。

每个人的成长经历都不同，每个人的身体跟情感的分裂状态也有不同的历史，但总的来说，大部分人都没有认清自己，内在太分裂，和自己太割离，却埋首去管别人、要求别人、塑造别人，没胆量看清真实的自己一眼。

安静能让我们冷静下来，心安定，才能看懂情况，理性地改善事态，修补问题。那如何才能安静下来呢？

让自己安静，秘密在于动中求静。

动是静的第一步。安静的条件不是让外界静止配合你，而是需要先让心变得温柔，不再过劳，停下来但不静止，要像柔软的芦苇一样随风舞动，这是一种动态，一种安静的动能，能爱抚你的心，把怒气、怨气、坏心情扫走。

可以尝试这个简单的“三分钟动态养心法”：

1. 在心乱时，先离开待着的现场，走动一下，舒展筋骨，拉拉筋，原地跳，敲敲面，吐吐气。

2. 然后，找一处没有人打扰的地方，坐下来或躺下来，闭目养神一分钟，幻想自己进入最温柔的地方，如和家猫在沙发上玩，如在云上飘，如拥抱着心爱的人……

3. 安然地接收这意境，植入内心，张开四肢，感觉那温柔散满全身。你会发现身体会有反应，注意轻轻地打开毛孔，心口会感到微暖，呼吸放慢，让你感到舒服和安静。

安静后，理智和直觉力会回来，方可看清和决定什么才适合自己，什么才是自己真正需要的。

动中求静还有更严谨的方式。

在我研发的声频疗法里，有一个很重要的步骤："先定后静"，即身体通过适当的物理动态振频来达到静的效果。

你可能学习或尝试过不少静心的方式，以为静下来了人才能安定。所以当你心乱时，努力试用静心的方法，希望把心定下来，可是经验里老是静不下来。是方法有问题吗？不一定是，原因只是你求静的次序颠倒了，原来心要先定下来，才能感受到安静。定心是步向静心的基本功。

心不定，难安静。定心，是为准备安静。

我创立了“观音定心”的声疗修心法，以“先定后静”的次序，有序地安放心神，洗涤心灵，与天地共振。

定心是为专注、集中，回收分散的能量，准备进入深层的静心。

我研发的“静听爱”定心铜磬是一个很好的例子。一般人以为听磬的目的是追求静，可是未准备好定心的话，静只是一瞬即逝的表象，未能扎根，所以你光是听磬声只能得到舒服的“感觉”，内心还未真正平静，听完后很快便会反弹，回到不安的状态。所以，磬修不能只用听的，要从基本功开始练习：先敲好磬，训练定心，打开心眼“观”音。敲磬定心后，方可内观静。

磬，表面是训练仔细聆听，安静内心，但秘密却是这个：训练放松，进入阴柔。松是静的入场券，也是通过动来求静的核心原理，其实跟武术差不多。手腕放松，声音才沉厚，执着敲出响亮声音，或者绕出延长的声音的话，重心便移位，你永远只在声音的追逐上，离开身心还很远，那么磬也不过是个时髦玩具而已。手能放松即身体已准备好温柔，能量便能集中，变得阴柔，静才悄悄出现。

以磬修心养静，除了练习敲磬外，还要注意以下几点：

1. 铜磬发声为体验内敛、安静，应避免追求响亮的声效。请以轻、松、柔的力度敲和绕磬，以“入静”为终极目的。

2. 注意别执着于延长敲磬或绕磬的余音，令追求声音变成欲望。静音在里面，不在外边。磬声是定心的工具，不是目的。静的空性，才是听音、观音的终极。

3. 你是什么状态，你便发出什么磬音。同一个磬，不同人也能发出不同的声音。鼓励以不同的力度和位置做敲和绕磬练习，寻找属于你和铜磬之间独有的、亲密的心共振声音。

调教呼吸能调教情绪

调教呼吸可调教情绪，把已动的气下沉，沉住气自能保持清醒和觉知，包容自己和别人。

有一种定心的方式是通过呼吸训练来调教气的振频。

世界万物都是通过独特的振频而存在，人的振频能反映身心状态，可以通过呼吸来呈现。当你的振频跟外界不协调，便会产生冲突矛盾，在身体上产生变化，会令心跳和呼吸加速，血压和肾上腺素分泌上升；在情绪上会令你混乱发怒，脱口而出伤害人的话，破坏感情关系。因此，呼吸可以显示人此时此刻的情绪状态。

譬如两人在关系里发生冲突时，你会气乱，呼吸急促，声线提高，容易乱发脾气，没听清对方的话语，没能深入了解对方的所需，却先摆出一副要吵架的架势来。

有经验的疗愈师都懂得观察人的呼吸，通过它察觉人的能量和情绪状态，如急躁的人会呼吸错乱和浅薄，说话急促。调教呼吸可调教情绪，把已动的气下沉，沉住气自能保持清醒和觉知，包容自己和别人。

当你动了气，情绪不稳了，可以用以下的呼吸方式调教情绪：

1. 平息怒气急救法

先动身，走开。上一小节的“三分钟动态养心法”里已提过在心乱时要先离开现场，走动一下。走开，是让人调整气息。走开是一种运动，让过度集中在情绪的负能量重新平衡分配到四肢，不会将所有负能量都聚在脑袋里，想着对方的不是，从而想吵架。

走开后，调整呼吸，深吸一下，再长呼三次，可以大力吐气，所谓“不吐不快”也是这个意思，将负面的废气呼出来，自能平复情绪。

同时，按住手腕底三根手指位中央的内关穴，情绪一乱，心跳变快，这样按穴呼吸，便能调节波动的情绪。情绪放松了，心才能安静下来，看到是非黑白，解决问题。

2. 摇摆呼吸法

这是一种学习静心的呼吸方式：聆听大自然的声音，配合身体摆动。

小孩子有天然的本性，他们喜欢摇篮、玩秋千、摇摇板，因为那种有节奏的摇晃，能令脑袋天然分泌安多芬，这是让人快乐的激素。我们可以借着摇摆节奏静心，除了玩秋千还可到海边去，随海浪一涨一退地摇摆和呼吸，和自然节奏达到一致，进入优化细胞的状态。

静心，是一切和谐沟通的先要条件，是了解自我的条件。和自然的呼吸连接上，产生和谐的共鸣，情绪会稳定下来，打开觉知，便能看到自己，并发现身边的人的身心状态，懂得和对方协调，懂得爱他们。譬如当伴侣情绪不稳定，呼吸急促心乱时，先别多说多发问，先调整自己的呼吸，放柔声调，放缓说话速度，你的振频自然会影响对方，让他注意到你在聆听他，而非只顾自说自话，没有关心他的感受和需要，他自会跟你平静地互动。

3. 抱树共振呼吸法

到山林去抱树，让树的呼吸跟自己的呼吸共振。

前段日子我专程到台湾寻找千年古树，拥抱 2000 多年坚定不移的“神木”，和它的正能量共振，感觉非常安静和喜悦。树看来好像不动，没有声音，但其实它一直在动，根一直以缓慢的节奏伸延，拥有它独特的振频。它的能量很强，它的光合作用和整个地球共同呼吸，息息相关，因此，热带雨林对生态循环那么重要。

拥抱树，就像在父母的庇荫保护下，温柔而坚强，不怕风吹日晒和雨打，情绪能保持稳定，坚固，刚柔并重。和树一起呼吸，人会祥和许多，不易发脾气。

树最能给人安全感，建议情侣多到树林走走，便不会爱恨起伏不定，焦虑不安欠安全感，培养和树互动的融合感，如在做爱时，协调彼此的呼吸，和彼此的性能量互动，磨合和谐的性爱节奏，别只顾及自己痛快，要留意对方的呼吸，调和动作。爬山时，二人可体验呼吸的协调，一起调节呼吸流动的节奏。走到累，找棵感觉良好的大树坐下来缓和呼吸，谈心，也是提升情侣感情的方法之一。

4. 和宠物平静地一起呼吸

譬如猫，它们是很容易紧张但又是很懂得养生的动物，它们的呼吸从未急躁过，不像狗伸舌头喘气。它们很自然地享受阳光，伸懒腰做“瑜伽”，发出咕噜咕噜的声音，是很好的催眠振频，让人放松。学习像猫一样平静地呼吸，做伸展运动是好极的减压方法。家里有猫陪伴，也能让气场和谐流动。

振频不好，呼吸不协调，都会影响气场，也令人不安。佛陀的静心法，就是从最简单的身心灵的“身”开始，从观照生命最核心的“气息”开始。静心观息。

“息”就是呼吸，细心调整自己的“身”体，再调教“心”性，变得温柔和细心，爱的能量才能酝酿，才有能力细腻地爱别人，融入大爱的共振中，调好亲密关系。

通过发声消除心理障碍

特定的发声、声频能让我们安静下来面对自己。一旦能平静下来，身体便会回归应有的敏感度，清除心理障碍，不致感觉浮躁和不安，跟自己闹情绪。

大部分的病，都是我们未能和情绪融洽共处的结果。

其实许多另类治疗的源头皆本着这个脉络发展开来。例如冥想就是其中很好的方法，帮助人从纠缠的情绪郁结中解放出来，一旦放松，病便容易得到疗愈。主流西医的做法是针对病症加以歼灭，这是最典型不过的对抗性疗法，却无法根治病的本源，即人对自己身体的疏离。

开发源自身体内的自愈机制，能帮助改善病情。

譬如开发自己的声音。有研究指出，语音中有旋律，对刺激病人的情绪反应有显著的效用，并能较彻底地治愈病患。英国有医生提倡用诗歌替病人治疗，做法是向病人朗读诗歌，或者叫病人自己创作诗句。结果显示，许多病人得到前所未有的治疗良效。其中有一位本身是医科学生的病人，医生告诉他可能已患上癌症。他用了各种专科医书的方法尝试医治自己，到后来却发现都行不通。直至他接触了诗歌，才知道所有医学教授建议他看的书，都不及一本诗歌集的自然疗效。

诗歌疗法的秘密在哪里？用诗歌的精神并非因为它拥有内在的疗愈功能，它只是一个手段。其原理其实很科学。运用丰富的自然能量如声音中的振频或旋律，能重新激活久被埋葬的右脑。过分发展的左脑，令我们只懂得浸淫在语言的万重文化枷锁中，迷失创造的能力。右脑主管偏创造性的影像和声音旋律，可以活化大脑底下的边沿系统，能平衡情绪。

诗歌只是入口，让我们可以平静下来，观照自己当下的身体，和自己在一起。正如祷告、诵经一样，通过诵念祷文发出重复和稳定的声频节奏，令脑干让我们自动平静下来，感觉舒泰，进入定心。心定而后安静，特定的发声、声频能让我们安静下来面对自己。一旦能平静下来，身体便会回归应有的敏感度，清除心理障碍，不致在对抗的状态下浮躁和不安，跟自己闹情绪。这时，人将会体察到哪儿出现了问题。

不妨多轻声朗读你喜欢的作家的作品，最好是优雅的诗歌，音律好的古诗词。再喝一杯古树茶，跟古树的稳定能量联结上，心自会静下来。

我在声疗工作坊里，会更专业地教同学体验不同的发声自疗方法，包括“回归生命能量发声法”“尺八脉轮共振唱颂法”及使用音频工具如铜磬和自疗音叉，替大家身心调频，消除心理障碍，清理心魔和情绪垃圾，放飞长期自困的郁结，自能重建自爱的力量。

用自己的方式抱自己

只要你愿意，每个人都可以以自己的方式，靠自己的力量，治愈自己的伤痛。

客人告诉我她的伤痛经历，说自己如何从伤痛中走出来，把思想放下，重返身体的觉知中，终于得到前所未有的释放。

她经历过失恋，自我否定，对生命失去信念，对生活失去方向。像很多经历着迷失的人一样，她的自疗经历，也许能给大家一点借鉴。

她说："我听从你的建议，在黑暗中聆听自己的心跳和呼吸，让能量流动，把自己当作大海洋，检视自己的感受，不急于以言语批判（这是我惯常的动作，因为我的语言能力强，观察到任何事物，包括自己的行为感受，都自然地以复杂和嘲讽的语言描述一番），也不以负面语言批评自己。”

我在本书第一章说过一个重点：要帮助自己，首先是先放下思想和判断，返回观照原始的身体感觉上去。在过程中，她体会到原来一直渴求的不是恋爱中的甜言蜜语，不是接吻也不是性的刺激，而是亲密的拥抱。

很多女人像她一样，渴望别人的拥抱，但家人没有这个习惯，中国社会没有拥抱的文化，但女人就像婴孩时期一样，渴求身体上被全然地接受，感觉自己身体的存在，感觉被爱。

于是，在寻觅自爱方法的过程中，她开始拥抱自己：“我在你的书中学到，不只是头脑，身体也是感觉灵性很重要的地方。于是我紧紧地抱住自己，抚摸自己。很奇怪，明明是自己的身体，一个简单的动作，那种能量的流动，比他人的拥抱更强烈，感到被全然地接受，痛苦的情绪倾泻而出。我伏在自己的膝盖上呜呜地哭，却不是伤心地痛哭，而是每哭一次便放松一点，好像小孩向最亲爱的人撒娇和倾诉一样，感觉真好。

“其后才发现，其实一直没有人责怪我。家人没有因为我恋爱期间愁眉苦脸影响他们的心情而责怪我；朋友没有因为我未经深思发生性关系而责怪我，一直是我在责怪着自己，是我以脑袋里的刻薄语言折磨自己。是我没有爱惜自己。

“多年来看的心灵书没有帮助我，纵情吃喝玩乐没有帮助我，向朋友吐苦水没有帮助我，是我以自己的方式拥抱自己救了我。睡前的静思和拥抱，让我得到意想不到的平静和释放，对旧爱的恨意也减少了。虽然仍有遗憾，仍有失落，但我终于确信我能如你所说：接纳，放下，然后痊愈。”

这是一个很正面的案例，一个愿意自爱的剖白者的具体案例，从拥抱自己开始。只要你愿意，每个人都可以以自己的方式，靠自己的力量，治愈自己的伤痛。

用大爱的方式抱别人

拥抱的世界里不再有自私者，只有分享者和带着温暖的感动。

有多久了，我们没有拥抱过最爱的人，没有被最爱的人拥抱过？

或者，你可曾拥抱过你不认识，或者认识不久的人？

拥抱是一种安慰，也是治疗，能治疗寂寞和创伤、不安和悲伤。

拥抱带着很强大的爱，散发自身体纯粹的爱。当你愿意去拥抱一个人，你必然带着爱，不然，那个抱是虚弱的，被抱的人会感觉到，身体会抗拒，或者很想快离开你硬硬的抱。

抱，必须是紧紧抱，用心散发爱地抱。这样的抱很有力量，能重振心情，带来希望。

我们这个时代最欠缺的是爱，可见我们都不再懂得拥抱自己和别人。拥抱自己是爱自己，拥抱别人是爱别人，放下自己。有些国人都不懂得拥抱，觉得拥抱是忌讳，觉得身体与身体之间应有距离，因为不信任别人，不信任自己，不信任大爱和博爱。我们的文明里没有爱的进化，这是可悲的，让我们都不懂得放下自己式地去爱，去付出。

很多心灵治疗工作坊都会教大家如何拥抱，在上一小节我也谈到如何拥抱自己的心，拥抱自己，增强自愈的力量和正能量，学习自爱。艺术家会用艺术的方式推动拥抱的治疗力量。我的朋友黄志淙是香港知名的音乐人，他和太太创立了“抱抱运动”，用音乐抱世界，让音乐人、创作人、老师、学生、义工和市民唱抱抱歌，跳抱抱舞，一起宣扬抱抱精神。抱抱运动始于“非典”期间，当时人与人之间的接触变成禁忌和恐慌，于是成为更想追求珍惜和关爱的动力。后来黄志淙和太太一行十多人到英国灌录抱抱歌，跳抱抱舞，回来推广抱抱精神。抱抱运动是在求同存异、互相尊重的前提下，一起寻找解决问题的方向，由个人到家庭到学校，由工作到社会到政府，每一个人，每一个岗位，都可以互相抱抱。

这信息很有意思。我们借助拥抱的亲密和信任的力量，把爱传扬和分享，重点是，放下你自己是谁，你需要什么，用拥抱当礼物，送给身边的眼前人，不管他们是谁，和你什么关系，是好人坏人，是否爱你、关心你、了解你。通过拥抱建立大爱的力量，你同时是享受者和接收者。拥抱的世界里不再有自私者，只有分享者和带着温暖的感动。

孩子不需要你说“我爱你”，只需要被抱过，便能感到安全和被爱。这是爱和被爱最纯粹、最原始的状态。

用大爱的方式重新拥抱眼前人，重新学习爱。

有效的减压法没秘密

从轻松返回紧张，大多不是因为减压的方法不对或不好，而是因为减压的活动停止了。

也许你已尝试过很多减压的方法，完全依导师的指引做运动，虽然不难达到短暂的放松效果，可总是很快便被打回原形，失去效果，返回紧张的状态，质疑是不是方法有误了。

从轻松返回紧张，大多不是因为减压的方法不对或不好，而是因为减压的活动停止了。就像吃饱后的满足会被下一轮饥饿抵消了，因为食物已消化了，需要新一轮的补足。换言之，是你需要新一轮的放松活动，因为你又忘形地重返让你紧张的惯性生活模式。

减压和放松要适时，甚至应时刻保持着。可是，紧张的都市生活让上班族情绪不安，即使留在家中做家务，照顾孩子的主妇也感到无比有压力，要照料的事情比想象中多。放松的时间和心情都没了，身心长期处于压力状态下，偶尔的放松活动只能让心情畅快维持很短的时间，尤其是当你刻意去参与一件减压活动的事前和事后，可能也得舟车劳顿、煞有介事，那跟投入另一项劳动没两样，反正只是消耗更多的精力，得不偿失。

减压像养生一样，需要随时随地，在生活点滴上恒常和持久地滋养。就像保持良好的呼吸习惯和方式一样，是每一刻要做好、要维持的事，不然便会影响健康。我们不会先停止呼吸，待有空才去管它。处理压力也一样，应尽量在生活中养成长期关注和保持放松的状态，而非等工作完毕有空才考虑做一下。

放松的方法有太多，但可能大家都忽略了最关键和有效的放松条件，只做了形式上的活动，没有注意成效，这也大大降低了放松效果的持续性。

那放松条件到底是什么呢？就是，当你做任何减压活动尤其是运动时，需要同时注意保持一个稳定的振频和重复的节奏。

有效的放松减压法都没有秘密，离不开这两种方式：

1. 把脑波调到极低频如θ（theta）波，可以通过深层的冥想获得。或者通过催眠放松进入α（alpha）波状态，跟半梦半醒的出神一样，能让身心放松。一般人不容易达至这些放松状态，要修炼或接受引导才行。也可以借助 136.1Hz 的静心治疗音叉来帮助达到释放一氧化氮，松弛紧张的效果。详情可参考我的另一本著作《爱在 136.1》的前言部分。

2. 通过重复的节奏和身体的摆动获得即时的放松，以动求静。原理是，人的脑干会在重复的节奏、音乐和舞动中，通过自律神经系统的副交感神经调节呼吸、血压、心跳、肌肉、肾上腺素等，让人马上放松，不再紧张，感到舒泰。

希望减压时，可以聆听重复的节奏如击鼓，更好的是学习简单的节奏拍打，把自己的身体当成鼓，有节奏地一边在大腿、屁股上轻轻拍打，一边哼着拍子。当你持续地数拍子时，脑袋难以乱想其他，不然会干扰拍子。这是以拍子干扰思绪的好方法。

你还可以在工作途中适时地停下来，闭上眼睛深呼吸，做几分钟头和身体左右或上下缓慢摇摆的动作，便能保持能量不下滑，持续地放松和减压。

其他深入的方法，都在我的情绪管理工作坊或网上课程里教授。有兴趣的朋友，可关注我的微信公众号，留意不定期开课的信息。

沉静是一种力量

养成不随便把东西放进口、把话说出口的习惯，人便会进化。

朋友L是个非常爱说话的女生，只要有人在身边，她便会不断地说话，不然，就是不断地塞食物进口里，不能让口腔有片刻休息的空当。

这类女生，大家身边多的是吧？她们其实不是真有什么事情要说，也不是因为肚子饿而吃东西，她们只是害怕孤独，自信心不足，强烈地需要别人认同自己，关注自己。一个人的时候，不敢待在黑暗里，晚上睡觉也要打开灯。即使有宗教信仰，不时做功德活动，可脾气还是很火暴，很容易被激怒和发火，嘴巴和心就是无法静休，整天浪费很多能量。

最近她辞职了，想认真地修心养性，报名参加了一个静修营，需要闭关十多天，不说话，只听老师讲道，作息定时，吃的当然不能多，过午不吃。对她而言的确是相当大的挑战，佩服她自疗的决心。

终于出关了，她告诉我自己真的变了不少。原来她发现，少说话、少吃东西后，真的不像以往那样随时感到肚子饿，话说少了果然精神多了，做事和思想也不再急躁，不像以前容易发怒，人变得温柔了。有规律的作息，禁言的生活，真能在短期内带给人莫大的改变。

沉静是一种力量，它是很好的治疗师，让人从杂乱回到安静，从暴躁到温柔，从盲目到清明，从埋怨到体谅，从恨靠向爱。沉默到底为何能改善一个人？最关键的原因是，我们少费劲，保留了阳气和正气，这股正能量能统一理性和感性，令人不容易偏激，情绪能保持稳定，不用借不断说话和盲目进食来逃避清静和面对自己。当嘴巴合上时，呼吸能集中，注意力自然回归身体，五官会变得敏感，不再麻木，不再依赖惯性，浪费气力。觉知回来了，感觉和脑筋会变得比以前更清明、更开放。

少说话，调整作息时间，进食适可而止，养成不随便把东西放进口、把话说出口的习惯，人便会进化，由动物性、欲望性驱使的生物性行为和思想，演化至向心灵推进的层次，你好像换上新的五官，看到以往看不到的，听到以往听不到的，尤其是你内心的动静。你将首次感到自己真正喜欢的、不喜欢的、逃避的、欢迎的，你开始热恋似的希望好好爱自己。

宁静的自己原来是让你踏上自我发现的旅程，也因此对世界改观，以往的执着现在开始看到了，以往的自大和脾气、不稳定的情绪，现在开始靠向平和，忏悔自己。沉静让你脱胎换骨，尊重说话，学会聆听，人不再浮躁，拥有稳定和内敛的力量。

管理好“能量循环节奏”

懂得管理自己的能量循环节奏，才是懂得管理好自己的人，能平衡身心健康。

我们经常感到累。

明明要处理的工作并不是很多，休息的时间也不至于太少，甚至有人睡足十小时还是感到四肢无力，爱赖床，不愿起来面对自己。我们自问并不懒惰，做事很认真，甚至没有偷过懒。体检查不出哪里有毛病，是不是患上什么潜藏的疾病呢？十分担忧。

其实问题的核心在于我们没有管理好作息时间，心力交瘁是因为流失了精力，不懂得保存能量。这就是说，我们没有适当地休息。

人的身心功能是依据一个所谓“超昼夜节奏”（ultradian

rhythm）运作的，这是一个能量循环的节奏，在特定的循环时间里让身体自然从高能量状态调到低能量状态，然后再由低调至高，这是一个周期，而这大约需时 90 至 120 分钟。换句话说，我们能保持高能量状态的时限为约 90 至 120 分钟，其后便会感到疲倦，需要稍微休息，起身走走，喝杯饮料，舒展筋骨，才能恢复体力和集中力。若我们过分耗损精力，连续工作三四个小时而不小休，便会虚耗体力，降低工作效率，这是能量下滑的缘故，会影响情绪，容易发脾气，或者感觉麻木，忘记适时吃喝，对自己和别人的耐性也会大大减退。

你会发现情绪坏、脾气臭的人，不是工作狂便是患失眠。这些人通常也会有便秘问题，因为忘记了定时饮食，紧张状态让他们消化不良，肠脏在压力状态下难以蠕动顺畅。胃病、肚痛或腹泻、胀气、脸色难看、脾气暴躁、容易发怒等，都是长期在压力下不懂得放松和休息的恶果。

懂得管理自己的能量循环节奏，才是懂得管理好自己的人，能平衡身心健康。可惜我们都把管理能力过分放在财政、学习和八卦别人上，忽略了注意自己的能量状态，对自己不够细心温柔，长期劳损细胞和肌肉，导致颈梗膊痛，肠胃失调，情绪不稳，正是能量失调的结果。

从今天开始，注意自己的作息时间。

若你是惯性工作狂，或者早已对疲累的感觉麻木的话，不妨放一个小闹钟在桌前，或者调好手机的定时功能，每一个半小时或最多两小时便闹醒自己一次，起身走走，做五分钟简单的伸展运动，对自己笑一下，陪宠物玩一玩，再回到工作岗位，效率和质素会大大提升，而且感到心境正面良好，不再容易闹脾气，人际关系也会改善。

这不过是很简单的调节，值得投资。

学习无聊，学会有效地休息

学会休息，除了是为重组能量外，更重要的是为了重新调教失去觉知的惯性，避免陷于麻木与无知。

活得累透了是很多人的同感。

累了，就要停下来，到外边走走，先搁下困扰自己的人和事，做些傻事、让自己开心的事。人就是人，不能变成神。人的力量有限，你不是太阳，你只能做你可以做的，放下无能为力的。解决不了的事情，不妨先让自己休息，别去多想，想也想不来。

问自己，假如生命只剩下三分钟，你会做什么？放不下什么？什么才是最重要的？

答案正是你真正的内心向往。是时候停下来，休息，更新自己。

办法是启动已麻木的身体。

自觉精明的人往往对自己身体的感知最迟钝，不知道身体反应是最直接和可靠的指标，提醒你的健康出状况了，也直接影响你的心情、情绪甚至智商状态。

先从培育身体的觉知开始。

注意是否因为赶时间、精神紧张、杞人忧天、不肯下班、酗酒、抽烟、暴食、过度上网等而令身心出现疲态或毛病。头发开始掉了吗？皮肤瘙痒吗？让你怎样抓也不能减轻症状，还会出红斑，严重的甚至有关节痛吗？那是由于免疫系统过敏反应。免疫系统因过劳而衰弱，经常伤风感冒咽喉痛，长期的压力令激素水平过高，损害心脏、肠胃等器官。你还有便秘、胃痛、心痛，动辄流泪、心烦气躁，容易被激怒，甚至会在公交车上地铁里商场内骂人、失礼、失控……

因为你没有休息，不是问题没有解决。

学习聆听身体发出的信号，留意身体反应是否处于压力状态，然后回馈它舒缓的信号。平时在办公室里，或在长期停留让你劳累的地方，定时做以下简单但有效的定心练习：

1. 静态深呼吸：注意别提升胸骨，要把呼吸回归丹田位置，注意丹田的起伏是否均匀、稳定，不要太用力，也不要太省力。

2. 闭目或内敛眼神：把注意点放在丹田位置，然后自我暗示："我要对身体好，我要感谢身体替我劳累，我要让身体得到休息。"

休息能让累透的身体恢复体力，而拥有足够的体力，才是解决问题的养分，不是你的思想。重新输入能量，才能刷新思维，之前想不通的问题会突然想通，找到解决问题的方向。不要小看休息的能力，它才是你最可靠的助手。

以上的方法可能很多人也懂，只是懒惰没有做而已。但更多人可能不懂，是做世俗标签下所谓没有意义的事情，简称学习无聊。

3. 学习无聊：每天抽出一点时间无聊地度过。按当时身体的需要选择看看连续剧，跑跑楼梯，到超市闲逛，坐公交车靠窗看风景，什么也不做躺在家里的地上看雨看云看月出。啊，不过是15分钟，可能再多一点点，脑子便放空，手脚也放松，脖子也不再酸痛和紧绷，离开电脑屏幕的眼睛也明亮多了。不赖！

无聊是一种自疗。

无聊有什么疗效？当你从过劳的工作转换到做无聊的事情时，惯性劳动的脑细胞会暂缓下来，其旁边待用的细胞会自动"替班"，重整神经回路，重设程序。

很多人其实不懂得休息，以为累了去吃一顿、睡一觉便能补充精神和体力，可这是一个误解。吃和睡的确是补充体力的方式，不过并没有真正去除你的疲劳，你会发现睡觉醒来还是累，精神依旧差，正是因为你耗损的精神并没有因为睡觉而得到修复，也就是说，你休息的方式不对。

疲累的层次和修补方法：

1. 体力消耗的层次：可以通过静态的睡眠或闭目养神来补充，因为疲累的成因是经过一天十多个小时的肌肉劳动后，体内产生大量酸性物质，让全身肌肉和神经放松后便能恢复能量。睡个好觉是基本。

2. 精神耗损的层次：靠睡眠休息并没有太大帮助，因为精神耗损源于思考过多。一般白领上班族并非从事体力劳动，而是不断刺激思想，替项目想方案，要处理人事关系，要解决紧急问题，以致令大脑皮层持续地处于极度兴奋的状态。因此引发的疲累，不能光用睡眠解决，而是需要替大脑的兴奋区找“替班”，让它可暂缓下来，放松神经，这样的话，正确的休息便不是静下来，而是要继续动，但“做别的”，譬如离开工作去跑步、游泳、打球半小时，你便马上充电，感到精神多了，反而比去睡半小时的休息质量更高。这就是说，你需要偷懒去动一动，而不是躺下来不动。

3. 长期精神不振、消极型疲累：对持续做的事、见的人感到厌倦和疲惫，可离不开，放不下，这种情况，靠睡眠和运动都起不到多大作用，心病也。你的问题不是累，而是失去了对生命的热情。那要做什么来调整？最好的方法是发掘和投入去做能重新找到生活和工作热情的活动。譬如去学习、做义工、长旅行。

活得过度紧张和认真、不容有失的人，请学习偷懒、放慢、无聊、不务正业。这是另一种积极，学会休息模式的积极，不然你不过是个工作奴，没长进，再笨不过。

疲累是叫你要改变自己惯性的信号，我们欠缺觉知，无形中令细胞建立了不良习惯，身体会朝预设的生活和思想惯性出发，譬如坐姿、呼吸深度，助长口瘾或心瘾，甚至某些欲望，于是，你已分不出感觉的真伪，所谓感到舒服不过是惯性或依赖，而非真的细品过。瞧你的口味，若饮食时已变得无味精不欢，喝茶时只求香而品不出人工香料和农药，以为化学香氛很怡人放松却不知道这与吸毒无异，你这样的放松和休息，不过是窒息。

学会休息，除了是为重组能量外，更重要的是为了重新调教失去觉知的惯性，避免陷于麻木与无知。

退隐一天也好

不管到哪里，不管待多久，给生命从头再来的机会。别让谁找到你，你也无须要找谁。

找一处没人找得到的地方，关掉手机，只管当下，不计以后，不问世事，不再负担别人，不用向谁交代什么，好好歹歹过属于自己的时光，属于释放和自爱的时空。好好和自己在一起，短期出走，隐藏生命。

每个人都要这样善待自己，定期地给心灵休息的时间。这是“乐活”的基本条件。

容许自己构想离开，退隐一天也好。想想看，不如到台湾，找间海边的房子，窗前就是一片大海的房子，宁静一个月。朋友都说台湾的花莲好，垦丁太吵闹，台东有很多好地方，可以隐居一阵子。曾经有位出版公司的老总告诉我，他们要在贵州山区的地扪村建一个中心搞活动，叫我也去看看，适合的话可以在那里隐居。几年前我在内地多个城市巡回演讲时，路经云南，探访过大理旁边的小乡镇喜洲，走进当地人的生活点滴里，看干活的人在劳动，老婆婆脸上的年轮，孩子在街上奔走的笑脸，朴实的生活，散发着生活的温度，满心欢喜。

隐居要看的是平凡的场景、流动的生命气息；隐居要过的是放下虚浮的消费惯性，还原生活的纯朴，唤醒自己，生活可以比现实更踏实、简单和具体。这种生活，是城市人早已忘怀的奢侈。

在香港，我一直过着半隐居生活，平日非必要不出门，尤其是不想跑到市区去。可以徒步便徒步，少坐车，多散步，或者宁愿待在家里和小黑猫相依为命，过制制衣服、绘绘画、弹弹钢琴、吹吹尺八这样安安静静的日子；在蓝天、大海、大山旁边写写稿，干干活。遇上好天气，放下手上的一切，爽然奔向长长无人的沙滩听浪声，爬到高高山上抱树拉拉筋，隐进去，活出来，不亦乐乎，平静自会渗出来。

有朋友说希望隐居到著名的终南山，修行一两年。这些年，陆续也有朋友不断隐进各个不同的灵修地，印度的、尼泊尔的、不丹的、美国的、法国的、韩国的、日本的，学习静心，修炼自己，几年都不见踪影。有些回来后变得更内敛、更冷静、更知分寸，有些却更迷失、更飘浮、更不接地气。退隐后回来的你变成怎样，是你自己的责任，跟他人和外在环境无关，因为负责观照自己的人是你不是其他人。

出走总比待着好，退隐宁静地，不管到哪里，不管待多久，给生命从头再来的机会。别让谁找到你，你也无须要找谁。

请扭转这种认为出走方式是很奢侈的歪念。退隐原是很踏实的自我修行，教你在惯性中暂停，从迷失中回魂，回头看一眼自己到底活得有多迷失或窝囊，或者干脆地看到自己活得有多累，原来一直忘记休息和充电。没时间，没资源，没能走开很久的话，不打紧，退隐一天也好，一天也能更新惯性，一天也是生死循环的神圣经历，善待每天给你珍贵的清醒意识，好好活过去，一天也不愿浪费。

不用煞有介事地寻找所谓灵修地，或者执着于要找到远离市区多一点、靠近大自然多一点的地方寻安静。身在城市里，还是可以安静下来的。在重复的日子里，给自己一天的假期，喝一杯清茶，晒半天太阳，听一夜浪声，到离岛或山上露营一天，在图书馆里静修半天，到你住的地方旁边的小镇或小县待半天，到公园坐坐，到菜市场观光，像游客的角色，在烦嚣里逍遥，回来时你会不一样。

退隐不是散心旅游，而是让走失的心回归，享受内在的静谧，与孤独相爱。

只要你愿意，放下眼前的一切一阵子，每个人都可以成为都市隐者。

从洁身开始自爱

让不该堆积的得到放生，得以解脱，不再无辜地拥挤在你本来身无一物的生命里，回归爽净。

回家探望老爸老妈，看到妈妈的脚肿了一块，爸爸的膝盖也痛着。用药油替他们按摩，妈妈的肿顿然消了大半，她乐坏了，说：“瞧，原本肿胀的地方现在又露出静脉来啦。”爸爸本来说是左边的膝盖痛，按着按着，感觉爽了，把右边的膝盖也递过来，像个小孩一样说：“这边也痛呢。”那个临近中秋的下午，在安静的老家，替变回小孩的爸爸妈妈涂药油，感觉自己长大了。

涂完药油后，才看到地上有毛发，马上到厨房取扫帚打扫，妈妈忙着阻止我说：“不用啦，今天太累没扫地，待我稍后自己扫就行了。”我说不不不，我最喜欢的就是扫地啊。不顾一切地夺回扫帚，幻想自己是稍后坐扫帚飞回家的小女巫。

妈妈靠在爸爸身边说："你记得吗，三个女儿中，就只有她做家务，小时候就只有她扫地、洗衣、晾衣服，三岁定八十啊。"

妈妈这一说，我才顿悟。啊，是的，从小我便喜欢做家务，并且是自发的，干那些两个姐姐都不喜欢的活儿，譬如扫地、晾衣服、熨衣服、抹桌椅、替木地板打蜡，走进厨房帮妈妈做菜，清理桌面，把家弄得干干净净、整整齐齐。

我没有洁癖，也没有清洁强迫症，只是不知何来的教导和启示，让我自小明白清理的好处，冥冥中也奠定了近年一直研究的心性自疗方向：自疗，先从自家出发，清理自己。自爱很具体，从整理自身、自家最基本的作息开始，重组能量，调教情绪。

很多人叫我给他们一个能让自己重新做人的方法，我会先给予这样的提示：先从清洁家居开始吧。对方可能觉得我在开玩笑，但其实这才是非常有效的修心方法，不是从呼吸呀、静心呀、坐禅呀开始。简单地说，就是先做好家务，打理好生活的本分，清理和修整自己的身体和家居的环境，你才会发生彻头彻尾的正面变化。

不管你的问题是什么，都需要先看看自己活成什么样，每天的作息是怎样的。每一个微不足道的恒常活动都是奠定你是谁、活成怎样的基础。微观自己的生活，才能重新发现自己。问题通常都发生在堵塞里，不是因为你欠缺了什么，而是因为长期没有清理堆积的、变质的、发霉的、变得多余的自作业。

那要怎样清理一段堵塞的感情关系？该如何打通和释放封闭的自己？别多想，动手吧，先从最基本的做起、做好：马上把厨房堆积的脏碗筷洗干净、放置好；马上清洁和整理冰箱，把过期的、变坏的、遗忘的食物拿出来，处理好；马上从扫地开始，把布满一地的灰尘和垃圾清理掉，让不该堆积的得到放生，得以解脱，不再无辜地拥挤在你本来身无一物的生命里，回归爽净。

这种爱，叫作洁身自爱。

许多人打从心底里拒抗做家务，或者从来不关心也懒于做家务，不是因为家里有人自动做了，就是没人做便让它凌乱、脏着吧。反正家不过是个寄宿的地方，回来睡一觉，早上撒个尿便外出了。这种生命里欠缺留在家、做家务的人，大多欠缺承担感，没条理，没责任感和安全感，潜意识里抗拒面对自己，回避成长，害怕生命前进的滚轮。

堆积令人懒惰，不思进取。清理需要承认和承担过去，为现在和未来留余地，更生自己。当你变得清澈通透，始能体会无须隐藏、正大光明的生命，原来可以是这般爽然与轻柔。

祛湿，调理郁闷的情绪

排了汗，身心明显感觉清爽舒服，心情便会好起来，有助舒缓负面的情绪。

踏入三四月，身边很多人都病了，没精打采，常常发呆，容易疲倦，工作效率下滑，旧情绪病复发。原因呢？多不是发生了什么家事、感情事、烦恼事，可能不过是天气持续阴湿闷热，尤其是在南方地区，令人非常难受。

大家的共同症状是胸闷、心烦、疲累、呆滞、脾气坏、情绪乱、容易病倒、举步沉重，这些都是湿气积聚体内的结果。

春天是肝脏跃动的时节，这个天时最需要保护肝脏。肝坏了，其中一个后果便是影响情绪；或者反过来说，情绪不好的人，情志杂乱，抑郁，长期处于不安中，也会严重影响肝的运作。

人会借季节性气候发病，令情绪反复无常，所以春天是抑郁症突发的高峰期。在四季分明的北方，踏入秋冬日光少的季节时，人自然会抑郁起来，那是情绪病的高峰期。相反，南方地区四季不分明，日光时间较长，人少了秋愁现象，却也会因为梅雨天时倍添伤感。

春天加上春节、情人节、元宵节和清明节多个重要的节日，令孤单的人更感孤单，失恋、失意的人更添自怜，忆故人的更感苍凉。该怎样处理这些心情呢？

抑郁，是因为你的身体太湿。

替身体祛湿是很重要的，身体积聚太多水分让人体无法良好运作，新陈代谢也会放缓，湿气让人生病，影响情绪。在湿度特别高的日子，虽然不太环保，也可能需要考虑开动抽湿机，或者开动空调的抽湿功能，降低室内的湿气。人在清爽状态下才能运作自如，重提活力和效率，头脑也会较灵活，心情不易变沉重，不会留有太多呆滞的空间胡思乱想。可以咨询中医师，按照自己的体质服适当的祛湿利尿的汤药，把多余的水排出，感觉会爽朗很多，坏情绪也会明显得到改善。

更好的方法是做带氧的排汗运动。按照自己的体质和状态做适合自己的运动，如到健身房跑步，踏单车，或者在户外跑，做能出汗但不太剧烈的运动，注意要不断抹干排出的汗，别让它被身体吸回去，以免更容易受潮和病倒。排了汗，身心明显感觉清爽舒服，心情便会好起来，有助舒缓负面的情绪。

在这个季节尽量多休息，早一点睡，让肝脏得到充分的休息，尤其尽量避免晚上过了 11 时后持续夜生活、饮酒、吃消夜，虚耗精力，伤害肝的运作。

简单缓慢的瑜伽动作是很不错的排汗运动，同时可以舒展筋骨，平衡身心。排出多余水分后，你看上去会美丽很多，气息也会转好，比用昂贵的祛水肿美容产品效果好千倍。

息怒，从调教饮食开始

我们平日的饮食作息习惯，能间接影响我们的怒气或脾气。

有这么一个犯罪案例：用人因雇主对他的工作要求饱受压力，狂性大发，怒气冲天，结果杀死了雇主。谁都知道，假如用人的情绪智商和管理怒火的能力高一点，怒气一消，便不会犯下不能挽回的大错。

不过是一念之差。

但怒气正是喜、怒、忧、思、悲、恐、惊七情中，对自己及他人杀伤力最大的情绪，不是因为它的能量和发作频率比其他六情强，而是因为它出现得太快，能像海啸的能量一样，排山倒海袭人而来。即使是恒常的修行者，在这非常关头也难压怒火，被它控制，自伤伤人。

怒火的可怕之处是，不止你一个人受害和承受。佛陀说过：“你生气，是在为别人的错误处罚自己。”这句话说得很有意思。

怒火一起，定力再强的人也会失控，做出后悔或愚蠢的事，而这些事绝大部分对事情毫无正面意义，只会使问题恶化，加剧负能量。如何息怒，是都市人修心的大学问。

有人上提升情绪管理的课程或阅读相关书籍，有人投入宗教借助超越的力量控制自己，有人靠闭关修行磨炼自己的情绪，都不赖。不过，更多人是学习一套，实行另一套。道理都明白，就是做不到。息怒，谈何容易。

怒火能让人冲动，容易利用暴力反抗，其实是生理的自然现象。被触怒的脑体释放出提高呼吸、血压、肾上腺素的物质，所以愤怒的人很难压抑身体，容易动武，因为身体功能在瞬间改变了。但更多人没注意的是，原来脾气坏、发火，也可以是由脑细胞过劳和受损引起，甚至是惯性作息饮食不良的结果，责任不全在触发怒气的事情上，发怒者只是借势失控而已。这种说法涉及一个事实：我们平日的饮食作息习惯，能间接影响我们的怒气或脾气。

尤其是饮食习惯。我在做自疗咨询时，都会查询客人的饮食习惯，不难发现他们都有一个共通点：喜欢吃容易上火的食物，如牛肉、火锅、烧烤、麻辣烫等，再加上烟酒和熬夜，工作时间长，缺乏经常性的有氧运动，都容易让身体燥热，肝火盛，把身心变成干巴巴的导火体，一触即发。有人更是每天滴水不沾，只喝带甜味的加工饮料，或咖啡、奶茶及狂吃甜品零食，摄取的糖分过高，影响血糖水平，也是让人容易发脾气的重要原因。

息怒的条件是愿意爱自己，避免进一步助燃怒火能量。不妨先从饮食习惯开始改善问题，而非单从心灵修养开始。前者更踏实容易，后者却需要很长远的心性调教。

关于调教情绪的食疗方案，请参考本书第四章。

慎言，用唱歌取代喋喋不休

喜欢说话的人，同样是喜欢胡思乱想的人，因为缺乏安全感，害怕宁静。

有位年轻的女子找我治疗忧虑和没安全感的问题。她是典型的不断思想，喜欢自我分析的女人，把过去和现在的经历不断重复翻案，每天不断想呀想，以为了解现在的自己，必须从过去的自己开始。于是不断找心理学的书研究自己的“个案”，判断自己的“病症”，“得知”自己患了什么什么“症”后，感到更忧虑难安。

她有很多人都存在的说话毛病，就是不断替自己所说的辩护，反驳对方，重复自己坚信的结论。很多受疗者像她一样，借见治疗师强调自己有病而非寻求治病。或者说，其实他们太爱自己的

“病”了。

还有，喜欢多想兼喜欢说话的人，说话的速度通常相当快，有说不完的内容，都是过去某事件的详细内容。跟他们说话，就像听一个报案者在录口供一样，哪年哪月哪日发生了什么，自己说了什么，对方说了什么，仔细得像拍电影。他们会不断重复使用某些句式，如：“其实我知道……我知道啊，但是……对呀，我就是常常这样的……”

他们貌似很理性地看到自己的问题，不过他们看不到的，是自己说话背后的固执，坚持只有这样才是自己的固执。他们其实太爱惯性思想和自我判症所产生的快感了，使自己感到很明白自己。想着想着，身心疲累，却不想放下思想，放生自己。

大部分人，都舍不得放下自己所想的，觉得离开不断地说话和多想，就像没了自己，感觉不到存在一样，十分虚无。思想就是说话，两者的分别只是前者表面沉默而已。说话和思想一样，每天耗损我们很多能量，让我们很累。喜欢说话的人，同样是喜欢胡思乱想的人，因为缺乏安全感，害怕宁静，需要不断用说话填满空虚感，不想面对孤独的沉默。

多想只是坏习惯，是可以调教的。乱想太多、自辩太多的人，应当怎样调教自己？

要寻找内心真正的安宁，不再因为乱想而变得抑郁焦虑的话，可以做以下的建议：

1. 注意自己的说话模式：不妨录下自己和别人的对话，回放细听，你将亲耳听到惯用的否定式句子、不离口的负面内容。

2. 试着刻意多说较正面的句子。

3. 试着慎言，少说话。

4. 若一时间无法减少喋喋不休和多想，可以用唱歌取代，重复哼自己喜欢的歌。最理想的是哼着纯粹的音调，或唱简单的、轻松一点的歌曲。一首歌的歌词再多也不过那么几句，总比越想越倍增的负面思想和说话内容更环保和节俭。

少说话，多做事，这叫作闭嘴的修养。

自救的黄金半小时

在这半小时内彻底放下工作，不带手机，不说话，给自己安静的休息时空。

患高血压和糖尿病的 R 开始每天饭后坚持散步半小时。

他是上班族，高压类型。发病前他的生活中只有工作和家庭，把所有精力投入开会、写报告、骂下属和管理五六十人的部门中，同时遥控家里的阿姨如何照顾两个读小学的儿子。回家一定要看完他们的功课才去睡，还要管妻子的工作和进修的问题。好男人一个，七天 24 小时的超忙碌生活，没有任何私人时间和活动，一直以为自己不过 40 岁，还有精力处理一切事。结果一天上班途中晕倒，被送到医院检查才发现上压高至 220，尿糖也超标。医生下令他必须吃药、做运动、休息，不然很容易猝死，赚再多钱，家庭再幸福，也怕没命享。

他最初不相信自己会得这种病，不过是忙一点，几乎所有城市人不也跟他差不多吗？他来找我，我替他梳理了他的生命真相：1. 过分虚耗能量，加剧衰老，催生了疾病；2. 和家人的相处并不和谐，只当一个管理员，忘记了给予温度；3. 失去了个人生活，年中无休，以奴役换取安定和所谓的成就，导致身心不平衡，忘记如何放松自己，情绪经常不怎么好，也患上严重失眠，还因长期便秘而生痔疮；4. 自孩子出生后，他已五年没放过假，身体忘记了休息是什么状态，变相病了也没有警觉性；5. 多年没有做运动、没出游，每餐在外边吃，身体越来越胖，头发越来越少。

这些，不过是一些明显的病症而已。更深藏的身心劳损，还没有表露出来。可是，还要等什么时候才让自己停下来，休息一下呢？

我建议他即使不能马上改变自己的生活惯性，也需要每天抽半小时出来，留给自己平衡身心。在这半小时内彻底放下工作，不带手机，不说话，给自己安静的休息时空。

譬如饭后散步。这是最好和最懒的方法。

晚上吃饱后，不要马上做别的事情，给自己纯粹的天地，到公园或小区的花园散步 30 分钟，张开眼睛看四周，打开耳朵听虫鸣，注意自己的步伐，跟着节奏数拍子。一二三四五六、一二三四五六。慢慢走，没什么需要急赶。

这是一天中最神圣的时刻，让能量充电，心平气和。

他照做了三个月，效果显著。脾气好了，血压低了，面容也放松了，感觉年轻了。他说："原来轻松的感觉是那么好。"

他的改变，也是给你的镜子。

和失眠做朋友

先和失眠做朋友，和它修好关系，它感到被尊重了、被照顾了，便不会再纠缠，自会离开。

负能量多由压力引发，影响情绪。一个为人忽略的压力源头，原来是不懂得休息，简称：累了。

疲累的人脾气特别差，失去耐性，容易发火、抓狂、挑剔、骂人。你会发现，脾气不好的那天，早上多半是赖床不愿醒来，昨夜熬夜睡眠不足，或者操劳过度却睡不够等。累了，心情自然差，承受压力的能力也会下滑。

上一小节谈休息时说休息是要配合条件才能做得好的，那就是，要让自己睡得好，睡得够，为自己充电。但都市人的失眠情况极严重，需要正视和调教。

治疗失眠不容易，最关键的不是方法，而是心态。

这种说法可能很多人没注意过。一般处理失眠问题的方法，不是用药便是用不同的方法教你放松，让睡眠得到优化的前奏，希望能速成入睡。可是这些方法往往不能达到理想的效果，因为，无法入睡的关键原来是我们对失眠抱了敌对或抗拒的心态，觉得必须找办法打败它、驱赶它，视它为大敌，它一来你便紧张、皱眉，心急想赶快驱走失眠，为放松徒添压力，所以事倍功半。这就是问题所在。

大部分人的失眠是因为紧张、敌对、能量处于负面状态。你和失眠的关系一旦被定位成负面状态，便很难互相协作。你越想失眠离开你，它越觉得被抗拒，越想黏住你，其实黏着的背后力量，正是你不愿意放过它，它也不放过你的结果。

我们可以换一种方式处理失眠。

希望疾病、痛苦、烦恼离开自己，最好的方法其实是首先接受它们，甚至欢迎它们的存在，因为它们既然是源自你，也就是属于你的一部分。先不要排斥，给潜意识留下阴影，结果关系搞不好，制造更大的紧张和矛盾。

不妨先和失眠做朋友，接受它是你的一部分，不用多问原因，完全地接受它，别制造负面的暗示，如“再失眠下去我就死定了、我希望失眠快走、我不想再有失眠了……”之类。我们的目的可以是让失眠远离自己，但心态要平和、温柔，给自己心理暗示：失眠是被我孤立了的朋友，我要先和它修好关系，它感到被尊重了、被照顾了，便不会再缠扰，自会离开。就像小孩感到被关怀了，满足了，他自会听你话，不然，你越是骂他，他越是跟你作对。

心态接受了失眠，不再抗拒，身体马上会起变化，可以真正地准备放松，不再紧张了。

睡前注意以下的细节，可以大大提升入睡率和睡眠质素：

1. 最晚两小时前不吃东西，甚至不喝水。

2. 最晚两小时前别跟家人、朋友、同事等打电话，避免激活思维和情绪，因它们难在短时间内恢复平静的生理机能。

3. 避免看紧张刺激的影像。

4. 最少做10分钟温柔的拉筋或柔软体操，让身体准备好放松。

5. 尽量把房间调至零光源，以免刺激脑细胞，给予错误信息让脑袋以为你还在工作，不懂得“关机”，以致难以彻底休息。

6. 可播放舒缓的纯音乐，敲和聆听静心铜磬，用优质的芳疗油伴随入睡。

7. 可以边看轻松的电视节目或播放轻柔的音乐，边泡脚或泡浴，完后入睡。

8. 别忘了调整情绪。晚上是容易陷入抑郁和负面情绪的时候，情绪不好时，难以入睡。晚上不要刻意放悲情歌，应尽量避免看悲情剧，临睡前注意别接触会加深负面情绪或勾起负面记忆的事物，如写负面内容的日记、听曾经和旧爱一起听过的歌、看过的电影等。保持情绪中性或轻快，自然容易入睡。

9. 上床时，关掉灯，使用 4096Hz 水晶音叉在身体上画大圈清理身心一次，再聆听沉静的 136.1Hz 的 OM 静心音叉，或放在百会、风池、角孙、太阳等穴位上振动，进入彻底放松状态，有助于安然入睡。这方法对长期严重失眠者效果显著。

以上是其中一些处理失眠的基本方法，每个人都可以靠自己或简单的小自疗工具做到。

注：相关的助眠工具如铜磬、音叉、芳疗油等可到我的微店里看参考内容。

放生大小便

每天最少排便一次，不能少于一次，别管谁说多少天排一次也算正常。

大部分来找我做自疗咨询的人都有一个生理性共通病：便秘。

这并不是凑巧的。大部分情绪受严重困扰的人，原来都有便秘病症。也可以这样说，便秘让他们感到不舒服，长期在生理隐忧中，导致或加剧不安的情绪。

没有排便的那天或那几天，你会感到身心不舒服，无法从容地工作和干活，总是觉得有事情未解决，坐立不安。若那天能有排便，完事后你会马上感到像卸下重担一样的爽，久违的笑容会出现，会放松地吃想吃的食物，活着忽然充满了乐趣，你感到还有很多空间可以做更多想做的事情。

紧张、压力、忙碌、奔波、悲伤等都会影响排泄功能。希望尽快得到通便效果，须要从饮食和运动入手，因为靠放松自己来通便较困难，心结未解开，很难松弛。饮食和运动习惯则较容易改变，没有做不到的理由，成功与否，关键只在愿意或不愿意上。

每天最少排便一次，不能少于一次，更好的甚至是两次，别管谁说多少天排一次也算正常。大便是多余的废物，是排毒的自然功能，积在体内的残余食物逾半天会变成垃圾即毒素。像你要天天清理垃圾桶一样，几天丢一次垃圾臭味已让你受不了。你的肠脏也一样，要天天清理。

要改善便秘问题，必须先愿意和实行改善饮食习惯。可注意以下的几个重点：

1. 排便有时间性：按《黄帝内经》的说法，凌晨五点到七点是行走大肠经，这是最理想的排便时间。现代人生活节奏已和古时不一样，较理想和方便的排便时间是早上起床后至中午前这段时间，应习惯早上起床后排便，排走废物清理身体。

过了这段时间，排便便会更困难，因为生理上和精神上已处于压力状态，要处理很多事情，忘了放松，而且进食后肠脏会累，不易费力排便。这点要多注意。

2. 试多吃通便食物：譬如番薯，每天早上起床吃两三个蒸熟的小番薯，连皮吃。你会发现较容易感到需要排便。还有奇异果或香蕉，视自己的体质来吃，这些都是高纤维非加工水果，较容易刺激肠脏的蠕动和排便欲。早上不想吃东西的话，可以空腹饮暖的苹果醋加蜂蜜，或者温水黑糖蜜（blackstrap molasses），或者室温的西梅汁。平时没喝咖啡习惯的人，便秘的话可试空腹喝一杯黑咖啡（不放糖或奶）。这些都是最容易蠕动肠脏的饮料，很多便秘的人试过都能在短期内产生不同程度的排便效果。

3. 早餐后要走动：吃过上述的饮食后，要加强排便欲，关键是走动，不要呆坐等待。

4. 注意日常饮食：尽量吃得清淡，多做运动。广东菜心、菠菜等的排便功能比其他蔬菜好，可以多吃。吃容易上火的食物，临睡前进食，吃太多面包、乳制品及甜品，少吃高纤维蔬菜，加上精神压力大，不做运动，都是便秘的元凶。

5. 心理暗示：给自己心理暗示今天能排便，便秘问题便较易化解。

6. 大便的姿势：35 度角的蹲姿是最符合人体设计的自然排便姿势，直到现代马桶的流行后，这良好姿势才被取代，也间接带来种种现代病如痔疮、便秘、大肠炎、盲肠炎和结肠癌等。蹲姿排便的道理很简单，原来成人的大肠长约 1.8 米，粪便在被排出前堆积在大肠里，最后从直肠排出体外。以坐姿排便的话，它的肌肉只是部分放松，以蹲姿排便的话，肌肉才完全放松，这样排便会更轻松和彻底。坐在马桶上排便时，双脚踏在一张小矮凳上，便能达到较好的排便角度。

放下你的手机

别以为你是为了害怕遗忘才巴不得把事情“记录”下来，事实上正相反，你是为了“忘记”。视而不见，知不求解。

这么多年来，我一直用着的，都是超级低智能的诺基亚手机，直到今时今日。

2G，黑白屏，没拍照功能，不能上网，屏幕上还留有被撞击过后的深深裂痕。很好，这个小东西，够用了。反正我很少接电话，也很少打电话，顶多发个短信，平常用来看时间，早上用来当闹钟。

拥有一个没有拍照功能、不能上网的手机，你会不会感到像断了手脚，聋了哑了一样地不安？瞧，你已变成机械人，居然少了一两个功能便像不能正常运作一样恐惧和不安。当你习惯了顺手把眼前的东西随便拍下来，然后像害怕没有人记起自己的存在一样，赶紧把拍到的东西贴到网上跟别人“分享”时，你已进入病态。

看到有意思的事物时，最初可能会迫不及待地把它拍下来。这样很好。不过，慢慢地，当你能放下手机，用眼睛直接亲近那影像时，这个影像便真心地留住了，因为你选择了用最原始的方式和它亲近，和世界真正联结起来。所谓亲密，就是从眼睛对眼睛的距离开始，不是举机拍照。

到底有什么是非拍下来转发不可的呢？假如不过是把你的行程、刚买的东西、准备吃的食物、偷拍的东西，甚至是做爱的情景都一一向根本不在你身边甚至你不认识的人分享，你到底是为谁而活的呢？自己早已不存在，因为你早已放弃了隐私，宁愿公开自己的一切换来被关注的假象。瞧，你只剩下渴求被全世界看到和知道的心理虚空，一无所有。

每次演讲会上我都会先跟观众说：给你一分钟，拍完留念照后请大家放下手机，不要再拍我了。我没什么好拍的，你不是来看我，你是来看你自己。

然后，大部分人都会乖乖地放下手机，用心聆听，演讲才开始有意义。

其实，你到底是为了什么而拍照呢？别以为你是为了害怕遗忘才巴不得把事情“记录”下来，事实上正相反，你是为了“忘记”。自己的眼睛不去看，却借助机器的眼睛记下来，从此你就不用去记下什么了，看穿了自己没有？原来你连记住的能力和意愿都没有，没心没肺。

于是，不拍合照的情侣便不是情侣，不先拍下桌上的食物等于没吃过一样，不把景点拍下来就像没旅行过，不拍下老师授课的笔记就像没上过课一样。其实，没有手机的话，你真的活过吗？

就像网络上媒体里充斥的众多信息一样，目的不是令你记住什么，而是尽快忘记，令你盲目地需要更新、更多的内容，忘了再来，忘了又再来。你被这个泛滥信息和物质的年代吞噬了，无意识地被催眠，被引导需要看到很多，知道很多，却视而不见，知不求解，活在泛泛虚空的大堆欲望垃圾中，刻刻感到不安、不足够、不充实，寂寞难耐。

消费视像和信息已成为你生命中虚拟的救赎，你已万劫不复地掉进这个迷失视野的陷阱里，难以保持清醒。你甚至害怕寂静，因为这意味着你必须面对自己一个人，赤裸自己，你宁愿往外看，消耗能量，也不愿意往内看，修养自己。

别笑我落后，这是什么年代，还用古老的手机，追不上科技。嗯，也是的。不过事实上，因为我没有依赖手机代替自己去用心看、听和说话，自然能保存较完整和健全的身心，容我能一针见血看到自己和别人的盲点及内心，治愈混乱和困苦。因为我活在清明里，不依恋假象。

放下手机，别忘了，你原来拥有一双眼睛。

为亲爱的人准备早餐

为亲爱的人准备早餐，或者感恩有他为你准备好早餐，享受分甘同味的幸福，能为一个家孕育出爱与疗愈的力量。

别瞪眼，为亲爱的人准备早餐是很疗愈的自爱和他爱方式。假如你能做到，请真心尝试做，会为你和家人带来意想不到的亲密爱效果，化解彼此收藏的不快或闷气，降低家人之间的负能量。

朋友C告诉我：“即使再忙，我也会坚持为家人做早饭。”

多少人能细腻地感受到这句话背后的那份细密爱呢？

可能更多的伴侣会觉得：不用那么烦了吧，到快餐店搞定就是了，省时间又有更多的选择。更多的孩子也可能这样想：给我零用钱吧，我到外边吃不是更爽吗？因为可以吃到妈妈因为太关注健康，不顾美味而弃之不做的、油腻但好味的炸鸡薯饼等。他们甚至更乐于干脆把早餐的钱悄悄省下来，买下心头好。

现在的孩子到底是谁做早餐给他们吃呢？用人？快餐店？面包店？还有妈妈（当然更可以是爸爸）会亲手做营养早餐（而非方便面）给孩子吃完才上学吗？还会有伴侣为要上班的爱人做早餐甚至准备好午饭吗？

我还深深记得，小学时寒冷的早上，妈妈把我们叫醒后，已为我们准备好热腾腾的“有味饭”（把菜和肉混在饭里一起煮，吃时可略加一点酱油调味），吃后暖暖地上学。那时没有保温饭煲，不能隔夜煮饭。可以想象妈妈是何时起床做饭吗？那些年不知道妈妈好，小朋友嘛，都不喜欢吃米饭，还嫌弃米饭不好吃要妈妈又哄又喂才吃完。现在才知道，吃过妈妈做的早饭的人生有多圆满、多幸福，因为当你长大了，经历过人情冷暖后，才发现原来能守在你身边，无条件为你付出、爱你、支持你、照顾你、宠你的还剩下多少人。

能拥有最亲的人为你准备早餐的记忆，还有比这更幸福的被爱感吗？这份幸福感，足够疗愈偶尔感到被遗忘或离弃的孤单感。

当你以同样的深情，为你最爱的人奉上温暖的早餐，只要看到他回你一笑已感到幸福，百病自愈，郁结尽消。又假如你有幸，身边的伴侣喜欢做菜给你吃的话，请你好好珍惜。

别小看做饭背后的功夫，那也是最多人嫌弃的工序。从市场背着重重的食物回家，没几分钟休息的余地便要准备食材，洗洗切切，因为有些菜，需要长时间烹调才入味和出味，心思少一点也做不到渗透和醇厚的味道。更重要的是，那味道不是馆子里千篇一律的味精制成品，而是出自爱的工艺，为他身体好而放的水、下的盐、调的火。试过味，觉得好吃才给他品尝的。他吃到的不只是一道菜，更是食物送到嘴边体贴的亲吻。

朋友这句“即使再忙，我也会坚持为家人做早餐”的背后，是一份坚持亲密质量的体贴爱，而这份爱，才是爱的核心。不是说，我让你做你喜欢的事就是最自由的爱，这同样地也可以是粗心的爱，因为你可以不再理会对方真正的需要和反省你到底有什么可以为对方做，为对方好。你渐渐忘记什么是贴心，更忘记每天重新认识、观看和发现对方一次，保持亲密的新鲜度。然后日子过去了，当你感到感情变淡了，在搜索你和他之间究竟拥有过什么亲密的、最基本的生活记忆时，你会发现，原来每天起床后没多看对方两眼便出门去，更没有爱心早餐的滋养。你和他，不过是形同陌生的宿友，各自过活，欠了能放进肚子里的亲密爱。

为亲爱的人准备早餐，或者感恩有他为你准备好早餐，享受分甘同味的幸福，能为一个家孕育出爱与疗愈的力量。

04

重整衣食住行，回归生活

衣服是第二层皮肤

我们不是把美的衣服穿上身，而是让衣服衬出身体的美。做到贴身需要软柔，衣服潜藏的，原是一种软柔的力量。

小时候，我曾想过当时装设计师，初中时特别爱上家政制衣课，多年来也一直替自己做衣服，大部分时间我会把旧衣服改造，循环再穿，一件衣服可以跟随我几十年，不离不弃。

制衣缝纫原是静心的方式，在绝对静默中专注于做好一件小事，成就一件美事。

近年在香港和内地分别有服装品牌邀请我和他们合作推出不一样的服装系列，推崇素黑式的慢活、自爱和追求仔细的生活方式。保持创新是我生命的一部分。跨界创作衣服是我在文字以外跟读者更接地气的交换能量的方式，重点不在穿，而在选和看。

微调自己的心、眼，看贴身的细致，远比靠脑袋消化文字容易，并且能直接地得到生活的悟性。

其中有一位合作的设计师叫 Kurtson，他对美、爱、修为和生活品位的追求都跟我相近。他长年在欧美和日本留学和工作，回国后身兼舞者、大学教师和时装设计师，还会吹尺八，喜欢在家种植，热爱大自然，积极发掘存在的纯美。我们是从煮和种植土豆开始孕育衣服作品的设计概念的。我会到他家一起做菜，分享穿衣吃喝的基本生活美。古人重视“衣食”，可见衣和食是生活的基本，都是为了爱好自己的身体。

我试绘了几件设计草图，Kurtson 结合个性设计，艺术地发挥，成就了“素黑爱自己”时装系列。与其说是衣服，不如说是作品，通过它跟大家分享如何从穿好一件衣服开始学习仔细。

我一直希望把生活跟艺术、安静融合在一起，可以通过什么融合在一起呢？如果能把它穿上会多好。

衣服是我们的第二层皮肤。衣服的原意是为保护和照顾好身体，而好的身体才能散发美。我们不是把美的衣服穿上身，而是让衣服衬出身体的美。我跟 Kurtson 说想把树穿上身，他真的沿用了像树皮的麻衣料，让成品变成树皮一样，能摸出声音和感情。

衣服能给予人“温暖”，是我们最贴心、最贴身、最亲密的伴侣。我们跟恋人、亲人还不如跟衣服亲密，因为我们无时无刻不与衣服同在，它才能真的做到让我们看到、触摸和感觉到，形影不离。它甚至会陪伴我们走到生命的尽头，而不是别人。我们有好好地跟衣服相处，爱衣服如身体吗？这正是我希望大家学习的重点：珍惜衣服如珍爱自己的身体，建立慢爱的亲密关系。

穿好一件衣服是自爱的第一步，前提是有用心“造”好一件衣服的人。我们要知道，造一件好衣服的背后非常不容易。造衣服要先关心身体，贴心和贴身地制作，以尊重和精心的工艺做好细节，一丝不苟，也注意不要浪费材料。

“素黑爱自己”系列里有一件我参与设计的主题絮絮长裙，Kurtson 说：“一件好的衣服是为了唤醒面料本身的力量。世间最美的事物叫作‘浑然天成’，这条长裙的絮，是由一双双手逐条丝抽出来，几十个人忙着抽丝，地上一团团的纤维的场景，像柳絮纷飞，轻柔美好的样子，却是用劳作者的双手和安静来完成的。”这是用爱造衣的感动画面。极细致的手工，一针一线讲究、认真、仔细地成就一件衣服，然后，你用感动、尊敬来穿衣，学会好好爱身体，细致地活好。

造服装的重点是“细心”、“仔细”。如果服装不够贴心，没有仔细地根据身体的需要去造，那么它只不过是一块布料而已，不能成为人的第二层皮肤。做到贴身需要软柔，衣服潜藏的，原是一种软柔的力量。

“衣食”引申的正是人品和修养。不要视衣服为消费品，它更不应是你用来发泄负面情绪的工具。爱衣服的人不会浪费，不会盲目消费、盲目追随名牌。选择适合自己个性的衣服去表达自己，也通过衣服看到自己的品性。穿衣，原是学习自我了解、重建和管理自己的旅程。

寻找自己喜欢的衣色

穿衣，本来就是自我认识、认同和表现的过程和选择，不只是把自己变得美一点的自我修饰。

是真的，我不会再回答“你只穿黑衣吗？衣柜里所有衣服都是全黑吗？不穿其他颜色不觉得太单调吗？”这样的采访问题了。

因为已回答过很多遍，而重复提问的人好像还没有问到重点。

当一个人选择了一种穿得自在的衣服颜色时，这个人跟这种颜色之间的亲密关系才是重点，而非“为何不是其他颜色”。就好像，当你和一个人恋爱，被问到“为何你喜欢 A 而不是 B”时，你只会感到对方根本没有谈过恋爱。爱上是没有为什么的。

那怎样才算问到重点呢？设计师 Kurtson 跟我做过一次很棒的采访，问了一个关于穿黑的深度问题：“黑色给人神秘、高贵、严肃、凝重等种种感觉，也有人会觉得全黑令人窒息、悲伤。您独爱黑色，如何才能把握，使黑色避免消极而独具魅力呢？”

这个问题包含对黑的文化和选择穿黑的尊重和修养，明白衣色不只是颜色，它可以表达深层的信息，影响穿着者和旁观者的身心以至整个文化，也是服装能缔造一个文化的人文价值。

黑在不同的文化层面里有不同的象征意义，比方在服装文化上，它就跟世俗对黑的负面情绪反应很不一样。黑在服装上所呈现的是一种庄严、简约和尊贵的气派：如中国的彝族中贵族才穿黑色；日本的结婚礼服要披黑纱；非洲肯尼亚马塞人以黑代表繁荣和生命力；宗教上密宗的大黑天是护法神和医神；现代时装界顶尖的设计师都会用黑来创作他们最好的作品……更有趣的是，大部分设计师都只穿全黑，你可以细细品味穿黑背后的玄机。

在心性修为的层面上，黑是一种修养，你能接受和看到表面单一的黑原来深含不同的层次时，等同于能看到人与物的内涵。连黑都能看透的你，才是真正细心和仔细的人。黑的丰富层次，需要我们修得同等的层次才能看透和欣赏，成就黑的深邃。说到底，黑不是一种颜色，而是一切色素的总和，它的胸怀和深度是海量无涯。

你如果对自己的身心敏感和贴近，自然能找到适合自己的衣色，可以是一种，可以是多种，但不要说什么都可以，正如你的性格和态度不能像什么都是、都可以一样随便。

我想告诉你的是：每个人都有属于自己偏爱、感觉和自己贴近、能让自己感到自在和舒泰的衣色，不一定需要解释，也不需要被赞同，但应该被开放地尊重。就跟不同的肤色都应该被接受和尊重一样，这是我们包容别人最基本的修养。我们应该发掘属于自己的衣色，不要随便跟着潮流走，无知地把与自己的生命无关的颜色往身上乱套。

你现在明白经常乱买衣服的你，为何老是觉得活得不是自己了吗？

说到底，衣色只是其中一项穿衣的选择和态度，能反映你的某些性格和特质，不过重要的是你选择穿什么款式、怎样搭配、是否合身、是否配对场合、能否从中认识你自己到底是个怎样的人、想表现怎样的自己。穿衣，本来就是自我认识、认同和表现的过程和选择，不只是把自己变得美一点的自我修饰。

你如何穿好一件衣服，不只反映你的个性，更是一种对生活、对做人、对地球生态资源的态度。穿衣是学问也是修养，它远远超越所谓的时尚潮流，前者增加自我认知，后者容易令你变得跟风和无知。

慢慢穿衣，慢慢爱

追求慢制造，慢耐穿，让造衣的人慢工出细活，让我们和衣服培养贴心自在的亲密关系。

季节，对很多女士而言，是更换衣裳的季度提醒。

去年的冬装过时了，今年流行这新款、这颜色、这剪裁。买新的，穿新的，忘旧的。一年过去，一年又来，衣柜里满满是被遗弃的曾经所爱。

频繁地购买衣服已成为很多女性追赶潮流的盲目行为，还没有好好地对待过一件衣服，还没有好好想过是否适合自己，便已制造大量的浪费和不智活动，还常常因为乱买衣服而喊穷。

现代人被催眠成喜欢和需要吃快餐，同样也被催眠成喜欢穿快餐成衣。“快衣文化”把衣服变成“抛弃式商品”，因为生产时装的商人大量开发平价时尚连锁成衣店，让设计师以最短的时间设计多款衣服，让工厂以最低的成本和最快的速度出货，务求让成衣店能每一两个星期便可提供新款式，吸引购买者经常回来看新衣，买新衣。

不重质量，只求“快出求卖”的时装趋势，也大大改变了我们对待衣服的态度。因为价格便宜，新款不绝，变得对衣服不再珍惜，买了丢弃也无所谓，几十块到几百块的衣服，即使买回家才发现不适合、不称身、颜色不对什么的，也不想费劲费时去换了，随便转送亲友或索性搁在衣柜里，再买新的就是了。

即弃成衣的买卖文化产生了什么问题呢？

1. 我们不再珍惜衣物，跟衣服的关系不再密切，也就是说我们只做了消费动作，没有做到珍爱衣服。当我们不爱衣服时，穿上身也不会散发出融为一体的效果，所以也穿不出味道，怎样穿也不好看，甚至穿出笑话来。

2. 我们不再追求质量了，只求量多，不断更换新款，像不断更换情人一样，早已失去爱和珍惜的能力。

3. 衣服的寿命大减至可能穿两三次便完结，这产生了大量的物质浪费。许多剩下的废弃衣物，最后只被能当作垃圾一样弃置。

有一本书值得推荐给大家，名字叫《买一件衣服要付多少钱：

平价时尚的真相》，作者是伊丽莎白·克莱因。此书带来一个需要反思的问题：我们不光要问“买一件衣服要付多少钱”，更应注意到“买一件衣服背后要付出多少代价”。因为讲求快速，催命一样的生产快线叫设计师不能再细想、花心思，只能一天画图样，几天内生产，一星期内发货，结果造成很多设计师为求交货和满足贪图便宜的顾客，抄袭时尚设计师的作品。某明星穿过的名牌衣服，一星期后便会在廉价店内有山寨货发售。书里提倡“做自己的衣服管家”概念，提醒大家“廉价”背后是看不见的大量隐形成本与浪费，鼓励我们“只购买真正需要的衣物”。

我们有慢活的生活态度，也应有“慢衣服”的追求：追求慢制造，慢耐穿，让造衣的人慢工出细活，让我们和衣服培养贴心自在的亲密关系。每件衣服都应有它自己的灵魂和个性，一个懂得爱衣服的设计师，会从制衣的工艺和设计细节上表达尊重和关爱穿衣者的身体，而我们也能从衣服看出细腻，穿出自爱的态度。慢慢看，慢慢品，放慢买衣和穿衣的节奏，让衣服成为自己的身份认同而非快消品。

别追捧廉价衣服

你买什么穿上身不只是外表的装饰，更可反映你的人格修养、品位和选择，是否注意尊重别人的心血和付出。

很多女生告诉我她们超爱逛名店，尤其是某些走大众化路线的服装连锁名店，在那里可以随便买到 100 块甚至是几十块钱的时尚衣服，比在网上淘的更划算，还可以试穿，退换，令买衣服变成上瘾活动。

我不反对买衣服，但我更想让大家懂得尊重和珍惜，知道一件廉价衣服背后是谁在付出代价。先说一个真实的故事：

挪威最具影响力的报刊《挪威晚邮报》曾经邀请三位潮牌服饰年轻顾客前往柬埔寨，实地体验某著名品牌成衣工人的生活实况。他们发现一个成衣工人每天从上午 7 点工作到晚上 6 点或

8 点，只有星期天工作 8 个小时，全年无休，一个月最多能拿到 130 美元的工资。小屋子月租 30 美元，水电约 20 美元，剩下 80 美元几乎全用在食物上，一天的花费不能超过 3 美元。

然后他们到那家服装连锁名店翻到一件柬埔寨生产的上衣，标价 35 美元，比工人的房租还高，另外一件标价牌上的数字更是工人一整年的工资。这三位年轻人平日都爱买衣服、追潮流，这次考察旅程结束后，一位说实在没办法再买连锁店的廉价衣服了，现在比较珍惜自己拥有的东西，不会轻易丢弃。另一位说以后应该没办法把购物当成嗜好了。第三位说她对时尚的看法改变了，买衣服开始比较挑剔，更尊重所拥有的衣物，那都是一个个有梦想和有希望的人缝制而成的，她能买得起，是因为工人们只拿到很低的工资。

不买衣服是不现实的，但买什么，愿意付多少钱，可以变成提高修养的机会。请抹掉一看到衣服标牌便喊贵的惯性和贪便宜的心态，也请戒掉胡乱在网上无聊购物，买了根本不需要，只是因为价钱超级便宜不买太可惜的幼稚想法。别被盲目购物行为催眠了。你买什么穿上身不只是外表的装饰，更可反映你的人格修养、品位和选择，是否注意尊重别人的心血和付出。太便宜的东西背后都离不开剥削，借着剥削来满足欲望的话，不会教你明白爱自己是什么，只会助长漠视爱的商机。

在我的在线自爱研习班上过课的同学们，在群组里一直分享课后实践断舍离的改变。很多同学把旧衣服转送给慈善机构，决心过节时不再购买多余衣服。大家都发现，衣柜里有穿上几生都穿不完的衣服，有些甚至连牌子都没剪掉，大量浪费令自己感到羞愧。我常在演讲会上说，当女人能把衣柜里三分之一的衣服减掉，她们便能减掉三分之一的烦恼和负能量。这是清理自己的实用方式，简单容易，看你舍不舍得，不舍得的到底是什么，便看到自己原来收藏着什么问题，该寻找清理的方法。

我会自己制作衣服，也会买设计师用心做的衣服，不多买，买精的，爱好它，回馈制衣者和设计者的心血。也希望更多良心服装商人能提高工资待遇，重视工人付出的劳动。

极端才是危险的食物

有一种信念叫盲目，有一种爱叫无知。说到底，什么食物才是真的危险？是极端和偏执。

经常听到极端素食者和荤食者的针锋相对。

有一方说，动物和人类一样都应有生存权，动物有感觉、有感受，它们被杀害时会感到恐惧和痛苦。

另一方说，植物也应有生存权，植物也有感觉和感受，有研究证实植物听到叶子被虫咬食时会感到讨厌，会分泌令虫子避开的油，印证植物并不希望被吃掉，看你还吃不吃素菜。

然后，是没完没了的宗教上、道德上、哲学上的讨论。

还有健康主义者。有些支持素食的人并不一定从杀生的道德观点立论，他们是觉得吃素比吃肉更健康，对身体更好。然后衍生无蛋素食、食生、无麸质等的支持者，在素食的茶杯世界里掀起不少风波。

相反的也差不多。有支持荤食的人坚持人类的基因适合吃肉，只吃植物会导致营养不够，会引起不良的疾病。然后衍生吃白肉、红肉、优质白肉哪个较健康的讨论，又是另一轮的争议和所谓科学研究的结果。

接下来，却是进一步、深一层的关怀，不管是只吃植物、动物还是两者都吃。我们现在这样的饮食模式是否出现了问题？在可持续发展的良性保育态度上，我们都应该知道，光是讨论、纠缠或执着于吃素还是吃荤早已层次太低甚至肤浅了，问题早已超越了这种哲学道德甚至科学、生理学、营养学等的理论范畴，而是应该正视现代人为满足食物消费的吃肉和种植方式，业已制造了无法回头的生态灾难、虐待和暴行。我们应从全面性的地球保育角度为人类的饮食健康和慈悲去重新思考、定位和行动。

在坚持或信奉动物或植物是否都有生存权以外，是否应该把吃什么的重点从哪个有权把对方吃掉，转移至我们现在以什么方式和态度去吃，去维持所谓的生命和追求健康，同时没有为了私欲或利益残害地球资源和生态，把地球杀死，也把其他生物包括自己和下一代搞灭绝？

有一种信念叫盲目，有一种爱叫无知。总有一些人，极端地相信健康等同吃什么，吃错了、吃过了界便是罪过，也是病毒的来源。举一些例子：有些父母迷信发育时期的孩子必须吃大量肉才长得白胖胖，而白胖胖代表健康（可能更是家境富裕的象征），结果孩子不到10岁便超重，已有“三高”的危机，可父母还是觉得这样比瘦瘦的好。

又有些父母，对肉食存恐惧症，可能是拒绝杀生，可能是觉得肉类已受饲料和抗生素喂养污染，也可能是因为偏执和无知，让宝宝一出生便吃素菜，假如母亲因为种种原因无法喂母乳的话，便用植物奶喂宝宝，结果搞出人命。比利时有一对奉行素食主义的父母用植物奶代替母乳喂养仅三个月大的宝宝，导致宝宝营养不良及严重脱水，在四个月后死亡。还有一对长年茹素的父母，自认为孩子不习惯麸质和乳糖过敏，在没有咨询儿科医生的情况下，擅自喂燕麦牛奶、米奶、荞麦奶和藜麦奶等替代品给孩子。某天晚上，七个月大的宝宝突然不断呕吐，而且状况加剧，父母情急下将孩子送进医院，但为时已晚，宝宝死亡时胃部空无一物，体重只有4.3公斤。

植物奶的营养成分绝对比不上母乳，因为蛋白质偏低。而六个月大的宝宝应该也有能力吃天然固体食物，不应继续喝植物奶。

这个案例出现后，马上有素食主义者抨击报道偏颇，也有荤食者冷嘲热讽。其实这个案例的问题明显不在于孩子应该吃素抑或吃荤，而是父母不能无知，喂错食物。母乳不一定够营养，要看母亲的健康状况。动物奶若含化学物质太多，也不是好选择。植物饮品欠蛋白质和优质油甚至也含化学物质，也会令宝宝出现状况。这种案例带来的教训是不应重复那表面的素荤之争，而是父母对宝宝到底需要什么营养的常识和智慧。

说到底，什么食物才是真的危险？是极端和偏执。

垃圾食物，吃不吃？

我不想回答这个问题，因为已不可能有合情合理的答案了。我更关心的是怎样吃，有没有平衡点？

方便面、可乐、炸鸡、汉堡、薯条、雪糕、糖果、蛋糕、瓶装果汁、即冲咖啡……你吃吗？

某些死板的营养师不会告诉你这些都是垃圾食物，因为他们的逻辑和理念是计算食物的热量和营养脂肪等成分，不多管它的烹调方法或人工、化工等。总之，达到所谓“食用安全标准”的材料就是安全的。所以，他们会教你吃火腿是健康的。

心灵疗愈师会告诉你，不要再吃垃圾食物了，它们都是对身体有害的，你吃什么就变成什么，要懂得爱自己。

环保人士会劝你不要再买垃圾食品，因为它们的包装都是破坏地球的材料，制作方式包括虐待动物或使用工厂废料，是不道德的产品。

宗教或素食者可能不管你吃的是否是垃圾，总之不能杀生，要积德，避免下一世轮回变成你所杀过、吃过的动物。

中医师会告诉你要忌口，寒虚的体质要少吃寒性食物，燥热的体质不宜多吃热性食物，然后给你一个列表。看完后，你只知道从此能放进口的没剩下多少选择，既然什么都不能吃，不宜吃，那大部分食物也变相成为你饮食清单里的“垃圾”。

有机食物倡导者会告诉你，除非是有机种植的植物或饲养的动物，其他非有机的都是危害健康的垃圾。建议你把金钱投资在有机饮食上，不用忧心将来把毕生积蓄投进医疗花费中。

有人会唱反调，告诉你，管那么多干吗？你生病、患癌、早死正是因为吃太多方便面、薯条、红肉和喝可乐吗？他的祖父 90 岁，每天还抽烟、吃汉堡包，好的丑的什么都吃，中气比他还要足，爬山走得比他还要快。朋友的妈妈吃了大半生没营养的垃圾快餐，家穷不能讲究饮食健康，还在高压下工作了一辈子，年过 60 岁却没有“三高”，也没有妇科病，你说到底是什么原因？

其实，我们对食物健康的认知很肤浅和片面，大家都觉得应对表面是可怕的高脂垃圾快餐食物敬而远之，可是，所谓健康的营养食物如牛奶、鸡蛋、面包、米饭到底有多少是“健康”无害，对人体真的好？大家都知道奶粉其实不是奶，牛奶难以被人体消化；面条、面包加入大量化学成分，有些甚至能致癌；流行瓶装饮料大都有乳化剂、塑料等化工材料，为何会被列为安全，能供人食用呢？你喝一瓶所谓的有益肠脏的乳酸菌饮料，同时又吸收了多少破坏肠脏的人工糖呢？很多人根本没注意到，他们每天吃的主粮和小食，原来同属垃圾食物。

天呀，乱了，怎能不乱？人人都要吃饭，在这个已不再尊重自然生态的地球加工场，我们能吃到的都不能绝对保证人道、自然道了，分分钟吃下了化学原料，但包装上写着类似“吃得健康就是对家人最大的爱的承诺”等刺眼的温馨宣传语。

明知是垃圾食物，到底吃不吃？

我不想回答这个问题，因为已不可能有合情合理的答案了。我更关心的是怎样吃，有没有平衡点？

没钱的，就现实地什么便宜便买什么吃；有钱的，感谢上天给你机会让你有能力买可能质量较好的食物，但请你不要浪费和虚耗生命资源，鼓励无良商人滥捕濒临绝种的生物给你在高端餐厅里品尝，只为满足口腹之欲。以不放纵的原则随心吃是无妨的。偶尔想吃个脂肪超标的炸鸡、薯条、可乐套餐是不会令你患上癌症的，会的话，全世界的人都会陪你，放心，你不会孤独一人。人怕死，大抵不过是因为害怕孤独而已。压抑和压力原是更大的毒素，促进癌细胞的成长。正如我常教人别戒烟，很想抽烟便抽好它，欣赏和享受每一口的快乐和放松。当你真心放松，即使稍微吃了垃圾食物，若能回归到你正在放进口里的东西，感受它的存在，带感恩之心享受与它共存的满足感的话，垃圾食物不会同化你，却会被你的自在同化了，平衡了。

吃不吃，吃多少，由你自己调教，没必要制定绝对的道德标准。

对食物失去感情后，便生病

这一代人要对精神和肉体疾病负上重大的责任，因为我们真的没有谦虚地吃好一顿饭，尊重好食物和自己。

我曾经替一个患长期抑郁症的男生做治疗。他是一个每天生活没规则，永远不喝白开水，不做饭，只叫外卖和喝加工饮品的宅男，没有环保概念，每天制造大量垃圾，当然也没有自爱的念头。浪费是每天被快餐式的消费社会潜移默化影响的指定动作，已到麻木不仁、“是吗？这是问题吗？”的地步。

我建议他除了运动外，去种植。他听话，真的跑到农田里去种食材。他说第一次踏在泥土里的脚底，感觉奇妙到不能形容。然后，土地改变了他，把他多余的思绪和负面情绪转移到关注瓜果的心情、泥土的状态、虫儿和植物的互动。然后，第一次吃下自己种出来的蔬菜，生平第一次感到生命的神圣和可贵。抑郁症便治愈了。

我们患的很多病都是跟土地疏离、失去感情的结果，却在不断浪费，增加金钱和地球资源的负担。浪费是令人对自身、关系、周遭社群变得麻木无情的源头。

细看目前富裕的国家和地方，每年到底浪费多少食物？多少人是带着爱和关怀吃好每一餐的？有些数据很吓人。譬如，意大利在浪费食物方面每年可高达120亿欧元，而英国超过半数的食物浪费发生在家庭，平均每年每户700英镑。英国前政府顾问、废弃物与资源行动计划（Waste and Resources Action Programme，简称WRAP）执行长古德温（Liz Goodwin）说：“我们有许多世代受过学校教育，却不曾受过烹饪技巧和家庭经济训练，不教孩子烹饪，绝对会造成食物浪费。较年长、不曾亲身经历但有家人经历过‘二战’的一代较不会浪费食物，但对于不在意食物的年轻人，他们基本上对食物没有感情，吃只是为了做别的事。”

更甚是，在超市时代，工厂为了确保食物能多卖，发明了不必要的食物赏味期，令消费者对所谓过期食物产生危险和不能吃的想法，令有些明明没必要规定严格过期日的食物因此被大量浪费和丢置。然后，这些拉杂的食物连同包装物料，加上捡回来的死猫、死狗、死老鼠，被收集、熔解、重新调配，变成你深爱的宠物的干粮。够吓人是吗？

食物的赏味期限和有效期限容易误导消费者。有些食物如某些奶酪等根本不需要有效期限。法国已落实新法，以罚款方式减少剩食。意大利也通过新法，改革繁复税务及放宽食物安全规限，让超市、批发商及农场可更方便地将剩食捐予慈善机构。为了鼓励减废，捐赠食物者可获减免垃圾税，减免额将按食物捐赠量而定。真是功德无量。

事实上，导致浪费食物的其他重要原因，是我们早已对食物的生产和出现失去感情和认知。很少人会关心桌上那块肉，那个苹果，那棵青菜的由来，因为大部分城市人都没有农耕的体验，跟土地是零接触。当人与土地关系陌生时，对食物的认知自然也变得白痴，只认得出包装和品牌，好不好吃，手机先拍，谈不上感情。

学校没有教孩子煮饭，在职父母也多是“不做饭夫妻”，即不自煮只在外边吃。没时间煮饭，也缺乏基本烹饪技巧的年轻族群多的是。没亲手为所爱的人煮过东西的话，你很难对食物有感情，也不管它的来源。吃进肚子里的是垃圾还是食物，他们都不关心，病从口入也不知。我们这一代人要对精神和肉体疾病负上重大的责任，因为我们真的没有谦虚地吃好一顿饭，尊重好食物和自己。

要自疗和修行，从在家吃好一顿饭开始就是了。和孩子一起煮饭，向地区小农户购买新鲜的食材，在家悉心栽培一棵小植物，经历成长和关爱之间互动的秘密，你将由外到内体验到前所未有的大转化。

情绪坏了，吃什么好？

最温和、隐性和较容易让顽固的人也接受的改善方法，也许是食疗，因为再封闭的人也要进食啊。

当我在著作《爱在136.1》里说“自爱，从吃好一顿饭开始”时，有些人可能以为我只是用了借喻法，或者以为是叫你不要再难为自己了，去吃喜欢吃的，去放松地享受食物吧。

去放松地享受食物是我很认同的生活态度，不过，其实我是在说一种重整身心的自疗和修养方法。

在自然疗法的角度里，食疗比药疗更受重视。像英国和德国这些崇尚自然疗愈的国家，他们很清楚要爱护好、修理好身体，不能只用禁止发病的压抑方式，他们更重视人和自然的整合、互相依存、生生不息的道理，才能养生、健在。当我说自爱是从吃好一顿饭开始时，我是在提醒大家别忘了从生活最基本的需要中开始回归自然，这才是爱的本源。我们每天什么也不做也要吃饭，不然没有体力，遑论做其他有意思的事情。

那所谓吃好一顿饭具体是指吃什么，怎样吃呢？

你吃什么便变成什么。一顿好饭所指的是你选了什么食材，怎样煮成，煮给谁吃，吃了是否能令人充满精神和力量。我在情绪管理课中的一个重点，是谈食疗如何影响和改善情绪。当你的情绪正处于负面水平时，不如不吃，因为心情不好时，再好的食材，再用心的烹调，还是会被负能量影响食物的振频，变成身体的负累甚至是毒。相反也很正确。当我们需要正能量时，优质、充满爱的食材能带来身心愉悦。

我有一个朋友，她很同意我说情绪是吃出来的。她有很深刻的体验，说前阵子因为不断吃辛辣上火的食物，情绪是明显变差，很容易向伴侣和亲人发脾气，不自觉地发出一股“无明火”。不吃了，便没那么容易暴躁。

饮食真的可以调教情绪吗？可以的，当然还需要配合其他静心的方法。食物能直接影响我们的细胞，吃对的食物，便能修补导致负面情绪的坏细胞。调教情绪有很多方法，最温和、隐性和较容易让顽固的人也接受的改善方法，也许是食疗，因为再封闭的人也要进食啊。

那吃什么好呢？

可多吃含奥米加 3 脂肪酸的食物，如深海鱼油。鲑鱼、鲭鱼、金枪鱼或优质的深海鱼油丸，都含高量奥米加 3，对修补坏损的情绪细胞壁有很好的功效。有专家曾为两组脾气暴躁的人做过实验，一组在三个月内以鱼为主食，另一组吃一般的红肉。结果，吃鱼的那组人脾气大大变好，吃红肉的脾气依旧大。

我们的身体需要有益的脂肪酸保健，它的作用和维他命及矿物质不相伯仲，尤其是正患有头发、皮肤及指甲干燥，湿热疹及经前病症等疾病时。身体发炎、过敏，普通消化不良症状，也会让我们缺乏好的脂肪酸，影响情绪。

若你是吃素的怎么办？可以在食物中加入亚麻籽油（flaxseed oil）。亚麻籽能在人体内转化为奥米加 3，这是完美的脂肪酸，同时具有减除其他坏油脂的作用。你可以告诉抗拒治疗的情绪病亲友，这个是去脂减肥用的，他们会较容易接受。

要注意的是，制造亚麻籽油须要相当严谨的过程，制造商要为它们设计特别的存放环境，盛载的器皿必须防光防氧，以防止产品变坏。当然，这样严谨的制作过程，售价自然不便宜。千万别买用透明瓶子盛的亚麻籽油或深海鱼油丸。若负担不起，也可以买亚麻种子，当芝麻一样随便撒在食物上吃。也可以先用温水泡一夜，让它发芽才吃，这样会较容易消化和吸收。

亚麻籽油的味道清淡，也没有油腻的感觉，吃后口腔还爽爽的。每天喝一茶匙已经足够。切记千万别加热，勿用来煮食，要放进冰箱，不然失效和变坏了便白白浪费掉。

重新审视早餐吃蛋的习惯

早餐一定要吃鸡蛋吗？在恐惧胆固醇超标但同时人吃我吃的盲目惯性里，我们是基于真正的需要还是被商人控制了选择？

不知道从什么时候开始，现代城市人吃早餐时变得无蛋不欢。

西式早餐文化是两个太阳蛋，或者在汉堡里放一个圆圆厚厚的熟蛋。中式早点也吃焓蛋，也会吃鸡蛋煎饼。鸡蛋变成中外早餐的流行食物后，医学上便出现了这个研究：人每星期最多吃多少鸡蛋才会产生高胆固醇，造成心血管病呢？

传统研究说，吃高胆固醇食物如蛋黄、肉类、海鲜、内脏等是导致胆固醇超标的元凶，所以，某些营养师会忧心忡忡地建议你每天最多吃一个鸡蛋，一星期最好不要超过三个。但这只不过是医学和营养学界的推论，并非经过严谨的实证。翻查资料，发现近二三十年的医学研究早已证实胆固醇来自所有食物，而非只是某类食物。95% 的胆固醇是由体内制造，并非从高胆固醇食物直接摄取而来。美国旧金山医学院的克劳斯医师（Ronald Krauss, MD）更证实了美国心脏协会建议少吃饱和脂肪、多吃碳水化合物反而会增加坏胆固醇，减少好胆固醇。

这里要提出一个重要的信息：精制的淀粉食物如面包、糕饼、饭面等，才是糖尿病和心血管疾病的主谋。胆固醇是否过高其实不是最重要的；重要的是胆固醇有没有被氧化。

食物在氧化后产生的氧化固醇（Oxysterol），才是容易对人体造成伤害的物质。那食物中的胆固醇是怎样才会被氧化呢？高温烹调、食物的加工过程、食物存放太久导致不新鲜等，都会造成食物氧化，甚至连植物油里的植物固醇（Phytosterol）也会因为经过高温处理后而变氧化。这就是说，我们处理和烹调食物的方式，才是真正制造坏胆固醇的元凶，而非食物中的胆固醇含量。这可颠覆了我们一直被教育的胆固醇知识。

吃什么不是最重要的，重要的是怎样吃。这个我倒是一直赞同的。

回到吃鸡蛋的话题上。美国康涅狄格大学有研究证实，每天吃 3 颗蛋，即使连续吃 12 周，也可以减低 LDL（坏胆固醇）达

18%。就是说，每天吃3颗鸡蛋没有提升反而降低了心血管疾病的风险。因为身体为了保持体内胆固醇含量的恒定性，会在合成和吸收之间自行调整。有些人或民族天天大量吃肉，从食物摄取的胆固醇太多时，体内的胆固醇合成和吸收会下降；有些人如全素食者每天摄取太少胆固醇时，合成和吸收会上升，自行调节。除非受家族性遗传的影响，否则多吃或少吃什么，胆固醇水平是会自动调节的。

假如注意蛋和其他食物的烹调方式，少吃煎炸物和加工食品（这些食物容易促进因氧化产生令器官癌化、人体老化的自由基），加上多吃抗氧化的新鲜蔬果，降低压力，睡眠充足，多做运动的话，体内的坏胆固醇含量是不会增加的。

因早餐爱上吃鸡蛋而产生胆固醇危机的忧虑现在可以释怀了。不过，我更想告诉你的是，除了主流营养学和医学的偏颇外，惯性吃鸡蛋制造了另一个更可怕的问题，这个是我们不应忽视的：为了满足全球对鸡蛋的需求（早餐、糕点甜品等），鸡农大量繁殖鸡和鸡蛋，没有利用价值的雄性小鸡会被大量地非人道毁灭，留下的雌性小鸡被打针催生蛋。结果，为了早餐和滥制的甜品美食，厂商滥杀，用大量激素催化鸡蛋供应市场，更不用说某些黑心商人造假蛋的灾难。

早餐一定要吃鸡蛋吗？这是我们应该深切反思的问题。

在恐惧胆固醇超标但同时人吃我吃的盲目惯性里，我们是基于真正的需要还是被商人控制了选择？“你吃什么就变成什么”不一定指在健康上你会出什么事故，更多的是态度和价值观上你会怎样被洗脑和改造。

要不要戒吃肉的心理斗争

在心理受压的状态下进食，比吃垃圾食物的恶果更厉害。没有什么需要戒掉，只有需要改善的习惯。

总有人以为我是因为吃全素才保持好青春的，但我已在很多场合公开说过，我不是吃全素的，偶尔按情况需要，也会不介意吃一点肉。

有些人为素食贴上健康的标签，把肉类尤其是红肉视为都市病的元凶，更有些人开始注意情绪问题，关注饮食习惯是否会导致情绪问题。更有位读者告诉我："我知道吃红肉对身体不好，但又很喜欢吃，不吃总是坐立不安，怎么办？"

疯牛症的发现为吃肉人士带来一时的恐慌，却没有改变他们吃牛肉和其他红肉的习惯。有些政府已经开始向市民发出吃红肉的安全分量警告，提醒市民多吃可能会危害健康。美国和澳大利亚有研究显示，吃过量红肉会增加患肠癌的风险。世界癌病研究基金则表示：若改变饮食习惯，单在英国每年便至少可以减少十万宗癌病的发生。

有人建议每星期最多可吃八至十个分量的红肉，不然会影响健康。那么多吃红肉是否一定对身体有害呢？

在作出判断前，不宜单看报告上的数据。譬如欧洲的研究便和英美的结果不一样。地中海地区如希腊人吃红肉的量相当多，相反，他们的肠癌患病率却比英、美、澳低。法国人是食肉狂，但他们患心脏病的概率也相对低很多，也没有传统认为的是由多吃动物饱和脂肪引起的心脏病等病症。原因呢？原来他们吃水果和蔬菜都相对地比英、美、澳等地的人多，尤其是新鲜的橄榄油、蒜头、西红柿等，补充了额外的保护性维他命和矿物质，抗氧化能力比英、美、澳的人强。

看研究数据不足以为营养定标准，只能算是参考。

红肉吃多少才安全？数字以外，其他饮食搭配也得算进去，整体饮食习惯才是着眼点。

关键也在于吃的心情。

你吃下去的食物会变成营养抑或是毒，其中一个重要的因素是：吃的时候是否开心愉快，抑或是怀着过分忧虑的心情。再好的食物，心情欠佳的话，即使吃的是补品也会变毒品。保持身心愉快的人，又有足够的运动量和排汗量的话，老实说，吃什么没多大关系，都会让身体吸收，转化成正面的能量，变成强壮的动能和营养。关键在于吃的心情、吃的态度和吃的分量。别压抑着自己不要吃这吃那，或者为了减肥吃完后马上呕吐出来。在心理受压的状态下进食，比吃垃圾食物的恶果更厉害。

回到吃红肉的那位读者那里去。她到底是否应该吃红肉呢？建议她可以相对地减少吃肉的次数和分量，但不需要完全戒掉，影响情绪。戒是压抑性的，改良习惯才是自我改进的自疗方向。

没有什么需要戒掉，只有需要改善的习惯。别把改善工程变成压抑或痛苦的经历，一想起便皱眉，效果一定不好。开心自在地管理自己，才是我们应有的优质心性状态。

食用油，太重要了

论一种油是否优质和健康，重点在脂肪酸的饱和度和脂肪分子的大小。

有时我会在演讲会上跟大家分享什么是爱自己的具体方法。谈到自爱是吃好一顿饭时，很自然地会谈及到底吃什么、怎样吃才是爱自己，为身心带来健康。说得仔细一点，就是我们要学会从照顾好一个细胞开始去照顾自己的身体，不只是知道什么菜对身体有什么益处。

细胞是身体的基本结构单位，脂肪是构成细胞膜的最基本成分。脂肪酸的性质决定了细胞是否健康。而食用油是摄取脂肪酸的重要来源。即我们吃了什么油，其脂肪酸便会决定细胞的健康。“你吃了什么油，你就成为什么”，可能比“你吃了什么，你便成为什么”更贴切。

食用油是门大学问。现代的健康理论和研究都告诉我们什么是健康的油，可以多吃；什么是垃圾食用油，不宜多吃。譬如最佳的食用植物油是冷压的椰子油、亚麻籽油、牛油果油、茶籽油、米糠油、芝麻油、葵花籽油、核桃油及橄榄油等。必须强调是“冷压”（cold press）的，因为食用植物油的制法有两种：一是物理压榨法，二是化学浸出法。

压榨法是传统的榨油法，有冷压和热压两种。冷压是将温度控制在60℃～80℃，稳定度和营养度较高，保存期较长，但因为生产需要花费的时间和人工成本较大，所以价格会比较昂贵。

化学浸出法是用化工原理提炼出来的油脂，一般叫“精炼”油（refined oil）。这种方法是以化学溶剂浸泡原料来把残油取出，然后再把溶剂挥发掉，取得油脂。这些油是很多家庭和食店日常使用的精炼油如芥花籽油、棕榈油、黄豆油等，害处是油里会有残留的化学溶剂，产生反式脂肪酸，这些物质都是会致癌的。不过因为出油率高，所以价钱便宜，吸引消费者食用，却赔上了健康。

稍有健康常识的人可能都知道，改用初榨橄榄油尤为健康，于是愿意购买100多元一升的进口货。不过最近加州大学做了研究发现，在美国一般能买到的初榨橄榄油中，69% 是不合格的，是骗人的，混杂了其他次等油，其中不乏意大利的知名品牌，真令人吃惊和担心。

我们对橄榄油的认识可能被所谓的健康信息过分诱导，一窝蜂去购买，其实冷压的椰子油、亚麻籽油、牛油果油、茶籽油、米糠油、芝麻油、葵花籽油、核桃油和腰果油的营养价值都比橄榄油高。譬如，橄榄油含不饱和脂肪酸 75% ~ 90%，茶籽油则高达 85% ~ 97%。茶籽油中含有橄榄油所没有的茶多酚和山茶甙，能改善心脑血管疾病，降低胆固醇和空腹血糖，抑制甘油三酯的升高。

论脂肪的分子结构，椰子油又远比橄榄油细小。论一种油是否优质和健康，重点在脂肪酸的饱和度和脂肪分子的大小。一般人较少注意到后者。原来脂肪分子的大小极其重要，因为我们的身体对于不同的脂肪分子大小会有不同的吸收和代谢反应。椰子油的饱和脂肪酸的长度属于中链（medium-chain），而其他植物油或肉类的饱和及非饱和脂肪都属于长链（long-chain）。中链脂肪酸不像其他食用油先储存成身体的脂肪，而可直接被人体用来产生能量，也不像其他油脂会耗尽体内其他抗氧化剂，它不会对胆固醇造成任何负面影响，且能防止心脏病。所以冷压椰子油被称为世上最健康的油。

懂得选油，也要懂得存好油，避免氧化。精炼油都加了防腐物，也选用便宜的透明塑料瓶，塑料瓶可释放有害物质。油长期接触太阳便容易氧化变坏，营养也容易流失，所以最好存放于阴凉处，用陶瓷或有色玻璃盛装，避免化学污染及接触光线导致变质。

你可能一直在贱食

为什么我们从没听过因为某大国粮食丰收所以第三世界的孩子饿死数量下降的好消息？知道自己正在吃什么很重要。

有读者说，读过我写的关于“爱自己要从饮食开始”之后，她便开始注意饮食，决心改善便秘问题，心情真的开朗了很多。

她还问，是否必须吃有机食物才健康？

有机食物固然好，近年渐渐也有有机食物在较大型和普及的超市发售。当然价钱是比较高。吃有机食物有什么好处？营养方面当然比无机化工食物高，因为没有经过重农药的污染，也无须被迫吃杀虫剂的残渣。

细看我们日常生活中最普遍的食物，原来含有最多毒药残渣。例子多的是，如芹菜、提子、梨、草莓、蜜瓜、杏梨、甜辣椒等。

连我们最常吃的苹果，也加了一层厚厚的光漆，令它看来红红可爱，却大大破坏了苹果皮原有的高营养价值，假如你知道种植苹果所用的大量农药，肯定会大感不安。

有机种植的好处，不单在食物的本身，更在于能保护地球的生态。全球每年约有数以亿吨计的土壤，因为受到农药的毒害而不能再用，连水源也受到极大的污染。我们每一刻都在为食物工业的大量生产而付出沉重的代价，赔上无价的健康。据联合国人权理事会 2017 年统计，当年因为农药中毒死亡的人便达 20 万。那些所谓促进基因种植和大量生产以解决世界粮食短缺的谎言，我们最好别相信。现实是很多地方为了保持价格和利润，宁愿把过多的食物毁掉，我们从没听过因为某大国粮食丰收所以第三世界的孩子饿死数量下降的好消息。

有些人支持吃整全食物（Whole Food），他们的坚持也有道理，因为至少他们对自己的身体负责，要求清楚地知道自己所吃的到底是什么东西，有什么营养，被怎样种植出来。在另一个层面上，可以说是一种爱的表现。

知道自己正在吃什么很重要。原来我们平常很少理会放进口里的到底是什么东西。譬如我们都喜欢光顾既便宜又美味的快餐店。但我们知道汉堡牛肉到底是什么吗？曾经有一群美国的农业监察者对汉堡牛肉寻根究底，调查用来大量制造汉堡牛肉的牛究竟吃什么饲料时，竟然发现它们吃死猫死狗、屠宰厂得来的内脏、鸡粪肥料、玉米棒、谷壳、生果皮、餐厅厨房铁板的油脂，甚至是粪渠的沉积物……这些垃圾几乎不用成本，即使是鸡粪肥料也只是每吨 15 ～ 45 美元，比以往使用每吨 125 美元但营养丰富的苜蓿（alfalfa）便宜得多。当我们用十几块钱换一大块牛肉和面包，可以想象它的来源也同样廉价。

贱食年代令大部分现代人失去了尊严，最终也失去了健康。我们应该好好照料自己的饮食，这是对自己的身体负责任，也是自爱的第一步。

吃前，尊重食物

食物都是地球资源，这些资源不是属于我们的，它们是宇宙的恩赐，我们需要谦卑地领受、珍惜和用好。

在情绪管理课上，我跟同学分享如何吃才能保持身心康泰，因为这是生活作息最基本的须知，也是成为一个健康的人要学懂的基本知识。有学员问我，那到底应吃多少才健康？譬如每餐吃一碗饭是否最好，不能多？还有人问是不是每餐都吃鱼，不吃红肉就能调好情绪病等。

发问的人有肥胖的，有正在服精神科药物的，也有刚生了孩子的，更有20多岁面色苍白的纯素食主义者。

吃什么、吃多少才能健康，没有客观标准，要视乎各人的体质和目前的健康状况而定，以及身处的环境和气候。有病的人跟没病的人，高大的人跟矮小的人，肥胖的人跟瘦削的人，修行的人跟高压上班族，男人跟女人，东方人跟西方人，北方人跟南方人，山区人跟海边人，他们最好吃什么、吃多少、吃的方式都不一样。

城市人多是高压上班族，满脑子抱着赚钱和买楼房的坚定目标，对物质享受追求高，相对地物质生活较富裕，食物消费水平也较高，但进餐的幸福指数却并不很相符。他们不少人是快餐店常客，白天胡乱吃，晚上大吃大喝，在外边聚餐也只顾着让手机先“吃”，拍照片先发上网，让虚拟的“朋友圈”先“吃”，待菜都凉了，食不知味，也不讲究了。

其实吃什么、吃多少不是问题，问题是我们有没有认真对待吃作为滋养生命和补充能量的任务，有没有尊重一下面前的食物，有没有认真品尝、享受和感恩。这些都是吃的基本功，而我们却一直忽略了，只有在身体健康响起警报时，才或恐慌或担忧地寻求吃多少、吃什么，也没有真的好好去吃。

菲律宾短片导演 Ferdinand Dimadura 有一部在 2006 年柏林影展得奖的作品，题目叫《一盘炸鸡》（*Chicken a la Carte*）。片中讲述一个穷爸爸在城里的炸鸡店取得客人吃剩的鸡翅和意大利面，然后回到村里的家，把食物分发给村里的孩子。一群饥饿的小孩跑过来围着他，取得食物后马上塞进嘴巴里，面露无限幸福的笑容。大家没有争抢，没有打架，连身边的狗也能分得一杯羹。然后爸爸回家把收好的几只没剩下多少口肉的鸡翅和少量的面条，逐一分到两个小孩的盘子里。孩子们笑着迫不及待地想先吃，爸爸却笑着喊停，他带着大家先祈祷，感谢上帝赐予他们食粮。短片的最后一幕是孩子们含着漏出来的意大利面无限欢乐地对着镜头笑。

影片透露了一个非常震撼的信息，不是廉价地告诉你要珍惜食物不要浪费，也不只是提醒你世上有不幸的饥童还没温饱很可怜，相反地，它让我们反思到，我们活了那么多年，吃了那么多自助餐、生日宴、六星级酒店的豪华宴，有没有一次像这群孩童一样发自内心地满足和开心？到底是他们可怜，还是我们可怜呢？

我们不用再问要吃什么、吃多少才能保持身材，不再生病，我们应先学会珍惜吃饭的幸福，怀着爱去吃，去尊重食物。食物都是地球资源，这些资源不是属于我们的，它们是宇宙的恩赐，我们需要谦卑地领受、珍惜和用好。不能只顾着一己的利益来对待食物。能抱着这样的心态吃，你就不会因为吃错了、吃多了、吃少了而伤害你自己。

自爱，从喝好一杯水开始

你若处理好和水之间的关系，可以说已搞好七成的人生，掌握自己七成的命脉。

别小看一杯水。

正因为你天天无意识地喝水，所以忽略了它，就像你最忽略的都是身边最亲的人一样，而他们才是你生命中最重要的宝。

当你说愿意爱自己，愿意爱他时，你要知道自己在说什么，应该做什么表示你说话的真诚。说愿意爱一个人要很具体，当爱脱离了现实生活，尤其是最基本、最微小、最不显眼、最低调的层次如喝好一杯水时，你所说的爱便变得轻浮，不切实际，不过是想出来的浪漫，风一吹便飘走。

为什么是水？

因为水是生命最重要的元素之一，占人体 70% 以上的比例。身体比什么都现实。你若处理好和水之间的关系，可以说已搞好七成的人生，掌握自己七成的命脉，厉害不厉害？

可是，很多人瞧不起平凡的水，只关心复杂多变、能提供更大感官快感和刺激的东西，如豪华美食和衣装等。对于水，总觉得平淡如不再交谈的老夫老妻，提不起激情的劲。你甚至会因为被太多花哨和骗人的广告催眠了，连口味也调不回来，早已离弃了寡淡的水。有人因此整天不沾一滴清水，喝的都是人工化学饮料如所谓的什么维他命水、能量水。这些人，偏偏正是写信给我控诉际遇不好，得不到爱的受害者。细问下，大部分人都不觉得也不认为要重整自己的人生、处理好眼前的问题，是可以从学习喝好 杯水丌始的。

喝水是一种修养。

不懂得喝水，能直接影响你的情绪和健康，同时也会反映你粗心和轻浮的处世态度。

喝水是一种修养，正如传统的修心养生之道是从喝好一杯茶开始一样，发展出茶道和茶禅。一个随便把水倒进口里的人，他的品味能力一定低，因为没有从水的淡然中细品它的清纯，让这份清纯融进身体的每一个细胞里，与血脉相连。喝好一口水就像专注地净化身体一样，让这一口水温柔地流过黏稠的血管，打通内外的闭塞，你才开始准备好打通思想和视野上的“便秘”，做个开放的人。

请注意喝水的小常识。

喝水有太多学问，有些小常识需要知道，避免因喝错水造成伤害：

1. 早晨起来喝的第一杯水被称为“救命水”，是替内在洗澡的水，把一夜代谢后的垃圾排出，最好喝一大杯白开水（清洗）、柠檬水（清肝）或淡盐水（净化），有助于排便。

2. 平常应少喝瓶装水，因塑料瓶含有有害化学物质，尤其是当瓶子在高温环境中如摆放在汽车内，喝这样的水如服毒。美国纽约州立大学的研究指出，微塑料粒子在包装过程中渗入瓶装水内，污染情况可能与部分癌症、精子数目下降、专注力失调、过度活跃症和自闭症有关。

3. 烧水时注意，别一烧开便喝，因自来水都经过氯化消毒，氯与水中残留的有机物结合会产生卤代烃、氯仿等多种致癌化合物。建议将自来水先放一会儿再烧，水快烧开时把壶盖打开，待水烧开后再继续烧三分钟才熄火，让氯含量降至安全饮用标准。

4. 减少饮用人工制成的瓶装饮品，不管它声称含有多少营养。说穿了，不过是大堆化学物，花钱也伤肾。尤其是整天喊着要减肥的女生，辛苦做一小时的跑步运动所燃烧掉的脂肪，不消三分钟便被一瓶汽水或甜饮填回去，亲爱的你不是白忙活了是什么？

我和水重修关系的经验

人体70%以上都是水构成的。调理身体，其实就是要从调教水开始，和水重整关系。

自小，不知哪里来的印象和执着，总觉得生命里有某种力量跟水一直相冲。身体和水本来就是水乳交融的共依互存关系，在我的身体里，却像隔了一个偌大的沙漠，彼此只是对方的海市蜃楼。

我小时候怕碰水，不敢学游泳，喝水也很少，每每因为过分投入一种手工玩意儿如替娃娃制衣服或用心画画后，就会完全忘记时间，六小时不动屁股，忘记喝水，忘记尿尿。被妈妈发现后，通常会被责骂，而忘记喝水的后果是被罚必须停止作业。那些可是我最喜欢做的活动呢，却因为没喝水被罚停，于是，对水便隐隐怀上一点怨恨。都是水不好，不是你，我便可以放肆地做自己喜欢的事情了。

家里的大人会督促我要多喝水，说多喝水皮肤才能像二姐般白皙，像邓丽君一样。对，在那个年代，邓丽君是淑女、美人的标准，声音甜美，皮肤白嫩。可我天生皮肤偏黑，被大人认定为喝水少变酱油色了，不好看，于是替我起了一个不典雅的外号：豉酱。直到后来皮肤同样偏黑的一代美女朱玲玲当选了香港小姐冠军后，我的黑才不受到歧视，而我的外号便从“豉酱”升级为“朱玲玲”。

我被误导以为喝水不够，皮肤才会干燥，长大自学医学知识后，才知道这跟喝水多少没有绝对关系。

被否定的童年阴影，似乎都跟水有关，总觉得水跟自己性格不合，明显是心理隔阂影响主观好恶的典范。长大后才体会到，越是不明白所以抗拒的东西，越有了解的价值，要不是它真的坏透了，启动了自我保护的程序而产生抗拒，要不就是它一直在呼唤自己去面对潜意识里压抑的、没处理好的、此生要来结的账——那些我们一直在逃避的东西。

事实上，我发现自小的身体问题，恰恰跟水有可大可小的关系。父母给了我肾脏并不强健的体质，自年轻时代开始便感到喝水后肚子会不舒服，原来不是因为水对我不好，而是提醒我要去调理处理水的器官：肾脏。可我却一直没察觉，只懂得抗拒，不舒服就干脆不喝。

我说“自爱，从喝好一杯水开始”，并不是一句劝人自爱的口号，而是实实在在的自疗态度和方法。没有喝好一杯水，你不会了解自己的身体为何会这样，譬如怎么老是感到疲倦，怎么下腹常常肿胀，怎么腿和屁股总是肥胖不好看。很多女生误以为自己需要减肥，于是疯狂节食，但是问题却不在吃多了，而是没调理好肾脏，出现水肿，要消除的是水肿而不是脂肪。

人体70%以上都是水构成的。调理身体，其实就是要从调教水开始，和水重整关系，最科学不过。

于是，我花了大半生专注地只喝清水，实验不同的喝法，不同的滤水器，不同的水源。矿物水、电解水、π水、蒸馏水、山泉水……何时喝、喝多少，喝后身体的变化是什么，都一一记下。然后，我便知道水跟自己的关系，原来每天最少要喝八杯水的说法很有问题，原来水比世上你最爱的某人还要爱你、体贴你，可以改变你的一生，令你做个更好的人……

这些绝对不是空谈。

当我和水的关系拉近了、“亲爱”了以后，奇妙的事情便发生了：喝水感到很舒服，也开始不怕水，自学了游泳，即使把自己抛下水时已年过 30 岁。也因为自学治疗方法的关系，十多年前便开始摸索其他饮料的疗效研究，譬如咖啡是我用来排毒的工具，平时不会喝，需要时它就是最好、最快的排毒和排水医师。茶，倒是对它一直又爱又恨，因为体质偏寒，我喝茶后会感到发虚。可一直知道茶是养修身心的妙品，那怎么办呢？跟身体商量，跟它协定，学习喝适合修心的茶好吗？它说好。和它握了手，茶缘便开始涌现，谦虚地学习茶的种种。近年，我也开发了“茶修”的自爱方式。

我的茶修经历

你的身体就是你的道场，茶是让身体修静的最好工具。

那一年到杭州演讲，朋友带我认识一位卖茶人。那时的我不喝茶，就算喝也必须在饱肚后，不然会头晕心悸。卖茶人看到是我，满心欢喜，大力推荐她家最好的普洱茶，强迫我无论如何也要喝。我是那种不懂、不愿也不需要为了给面子而勉强自己的人。那时空着腹，不宜喝茶，我最清楚自己的体质和身体反应。尽管她一直强调是“绝对不会有问题”的“正宗”熟普，我只答应喝一小杯后便坚决地拒绝继续喝了。

但对方大概想展现自己的好客，满足推销茶的目的，以热情到目中无人的强迫症病态方式缠着我不放，不停地强调：“放心，没问题的。我们都这样喝，没有人有问题的。你相信我。”这句话至少重复了 30 遍后，礼貌的限度已超标，我不得不坚决地对她说："对不起，请不要再勉强我了，不能这样对待茶的。"她才醒觉原来自己一直在强迫人家喜欢她的茶，并未关心对方真正的意愿。其实她这样做，对茶比对我更欠尊重。

也有某位男士，一味向我推销他的茶有多纯正、有多好，叫我别听其他人的。他说："他们知道你单纯和无知都会骗你。"我问他："你的茶到底有多好？"他句句不离"这是上等茶啊，现在一公斤要 × 万了，产量有限，每年涨价几倍啊"。可能我听错了，一直听到他推荐的是茶价，不是茶。茶，到底在哪儿？

当然，那时候我分不清茶的品性，尽管不同的人都有不同的说法，譬如："喝红茶或乌龙吧，虚寒的女生最适合；喝普洱吧，咖啡因最低，那是最温和的茶，连出家人也喝它来调身体，不可能晕茶；喝我们家出产的茶吧，我们自己都喝的，你放心好了，喝茶对你好；来，给你试极品老茶，喝过才知道什么是真正的好茶，其他茶就别喝了……"

怎么喝一杯茶忽然变得那么复杂？那么多 must（必要）和 don't（不要）和钱钱钱？为何本来单纯的东西，涉及利益和名誉后，最终便变成各立门派，各分山头，吹捧自己，抨击别人，自己才是第一正宗、第一传人，第一和第一？说茶的人多，安静地打开五感修心品茶的人少。

只关心推销自己的茶和茶价的人相信都没有真正喝过茶，只是玩过茶而已。现代人为了暴利，把次等茶混入高质茶，采用密集式的茶树种植法，狂喷农药，混合多余香料，吹嘘哪座茶山、哪棵单株树有多古老，有多珍贵，市场价值有多少。自然生态受害了，土地贫瘠了，引进农药后这二三十年，已种不出单纯健康的好茶。能遇上为了对茶好，让茶农珍惜土地甘愿保育而不滥卖、不涨价的茶商，更是难上加难。茶和土地的天然资源是上天赐予我们的共享礼物，应该得到保护，而不是剥削它们来牟取最大的利益。

现代人的“衣、住、行”都为了方便而需要靠别人制造、建设或代办，但“食”却是较有弹性，可以由自己调教的，你可以选择放什么进口里。喝一杯茶，原不需要外界太多的介入和定义。你的身体就是你的道场，茶是让身体修静的最好工具。以茶来修行，通过认识、品尝来尊重茶生态，从茶的丰富层次和变化中学习内敛，看清楚自己。

喝茶前先虚怀，茶会为你开放。

很多人用脑袋去喝茶，尤其是很多所谓的“专家”，对茶不恭不敬，茶未喝已下定论。尊重茶的人、认真的品茶师，必然是安静和内敛的，品茶前谢绝破坏味蕾的烟酒或香熏，品茶前后不吃肉或味道重的食物。专业的底蕴是敬重，放下自我和习性。

有修养的法国品酒师或香草师不以大师自居，不会得意忘形，不任性吸烟，会避免周遭气味混杂和声音干扰，连香水也不涂，还会禁言、清净身体和杂念，如此才能专注地品尝，分层次，评质量。

我最尊敬的茶老师之一，来自台湾的苏惠雯老师便很经典。不管是开茶课前还是日常品茶前，她总会提醒我们必须先用无味的肥皂洗掉手上的味道。你会说这是挑剔吗？不，这是尊重茶，是仔细。洗个手没花你多少时间，也不是不方便的事，没理由觉得麻烦，更不应批评为执着。认真和严谨是做好事情的基本功，尤其是对修心的事情。

这些年，茶修于我最大的领悟，除了它能让人养生、感恩、保育和修行外，还能让人更接地气，活得更踏实。

很多人感慨找不到人生方向，没有想做的事，也无心投入，感觉一事无成，生无可恋；没恋人、没亲人、没收入、没这没那，羡慕别人能找到喜欢的事去做、喜欢的人去爱。假如你很执着，必须找到什么方向和目标的话，可以试着先放下追寻大意义和大道理，单纯地从喝茶、从中国的根源文化、从土地给我们的暗示、从一片茶叶和水的圆融开始，先爱土地，再爱茶，看茶如何和身体产生妙不可言的变化，体验活得仔细的人生带来的实在、满足、喜悦、豁达和富有，便没有锁着眉头寻找人生大意义的需要了。

如何喝好一杯茶

品一杯优质茶要内观，仔细感受每一口茶在每一瞬间的气味和层次的千重变幻。

自爱，从喝好一杯茶开始。

大部分人喜欢喝茶的香味，时卜流行的茶大多经过精工造茶工艺，把香味提炼到出神入化之境，令人沉迷和追求。不过这些茶并不一定对身体有益，因为必需的农药和加工色、香、味的工艺过程容易破坏茶本身的好，甚至沦为带毒饮料。

含有“色、香、味”的茶，假如来源干净，“质”能保证可靠的话，可以用来“品”。能融合“色、香、味、质、韵、气”六元素，尤其是天然有机、耐泡、耐品、耐深化、耐回味和回甘的古树茶，可以用来“修”。我的茶修课里选用的茶，都是接近天然制作的茶，譬如白茶、古树普洱茶等。

我尤其喜爱老树或古树普洱茶，这种茶是喝树木的阳气，能喝出静和定，是能喝出修养的茶，令人细味余韵、回甘、生津，身心变得纤细，打开层层底蕴，超越追求色、香、味的欲望，步入更沉厚、内敛的茶修境界。它自然发酵，在天然树林内和其他植物浑然并存，自然生态让土壤保存营养，所以茶气是众茶之冠，也是至正气的茶。

现代人懂得喝茶吗？不，其实很少人真正知茶、懂茶。你看很多人把茶叶长时间浸泡在塑料瓶内，整天翻泡，这是极坏的泡茶习惯。要喝好一杯茶，首先要学会泡好一杯茶。茶不宜长久浸泡，最好在十数秒至一两分钟内倒出。茶泡久了会失香，产生涩味，有害物质会泡出来，对身体无益。

另外，还有手法和心念。

记得某天，挚友李天安特意泡了三杯属性较温柔的普洱生茶给我品尝。同一壶茶叶，第一泡手法温柔，水也不是绝对沸点。这杯茶很温和、顺喉、生津、微回甘。第二泡沸水快速高泡。这杯茶的味道马上变得复杂和混乱，失去了刚才的温婉，口感变粗，有点紧张和波动，先是口腔变干，然后舌头开始局部变微苦。第三泡沸水高速直插，气势非常。这杯茶很苦，口腔干涸难受。一壶茶叶，三种泡法，三种风情，甘苦自知。

要喝一杯好茶，茶质的好坏固然关键，但更重要的是泡茶的人。手和心能改变一杯茶的命脉。泡茶的手法能反映你的情绪和修养。急进、粗暴、紧张、焦虑的人，泡出来的茶会如实反映这些脾性。相反，温和、留余地、平心静气、带着爱去泡茶，茶会慢慢转化，回馈你纤细后韵，令你变得富有和淡定。这时，茶已不单是饮料，它更是你的共修者，和你贴心交流，细喙修为，转化脾性，打开五感，改变身体和心性，在那一点一滴一啜间。

李天安是茶的修行者，随心性跟茶相恋、相处。他不尽跟随以“标准”或形式主导的主流“正确”泡茶法。泡茶前宁愿先磨好一颗心，调教到专注和谦卑的状态，不只心安静，更要心仔细，如母亲悉心照顾和栽培孩子般，让水与茶叶交融成甘露。他告诉我：“水沸后，我喜欢稍歇一刻才冲泡，为水与茶叶多留一点余地，泡出来的茶会更体贴，有更多变化的空间。”

其实他也正在说自己。你是什么人就会泡出什么茶。花有花语，茶也有茶语。和茶细语、对话，不以操控它来达到你想要的效果，茶自会打开自己，给你最好的回音，达至人茶互敬共转化之境界。

近年我在看疗愈个案时，多鼓励受疗者从学习泡茶开始去调教心乱和定不下心的习性，现场示范如何用最简单的方式泡好一杯茶，让茶成为反映自己当下状态的镜子。这是一种茶疗，每泡茶的味道，便是对你愿意修好自己最好的回馈。

先聆听茶要跟你说什么，不要去驯服茶，让茶去修养你。

泡好茶后，也要懂得品饮。

品一杯优质茶要内观，仔细感受每一口茶在每一瞬间的气味和层次的千重变幻。一些茶混合了其他杂质或加工太多，只求第一口香，没有后韵，泡第二回，味道已下滑变淡，甚至带农药的刺舌感。优质的茶泡上十多回还能呈现峰回路转的韵味，茶气丰满，能运通全身跟你水乳交融，茶人合一。

建议用小杯品茶，小口慢喝，感受每一口茶从口腔、舌尖、舌面到喉头、咽喉和胃部的感觉和变化，静感口腔生津、回甘，茶气运行全身。喝茶后啜一口清水，体验平淡水质顿刻幻变成甘甜清泉，意味身体内的水也发生了同样美妙的养生质变。

女性喝茶有一些要注意的地方。不少女性体质偏虚寒，尤其是南方人或经常在空调房里工作的女性，喝绿茶、太重焙火或刚烈的茶可能令身体失衡受不了。可奇怪的是，为何有些体质虚寒的人天天喝绿茶也像没大碍一样，没“感到”身体有何不妥？问题在“习惯”了，“麻木”了，身体也“适应”了，却看不到内在正在发生着什么变化。情况有点像喝酒一样。喝喜欢的茶、喝习惯喝的茶，不等同就是喝对了，或所喝的茶真的适合自己。偏寒的人可喝较温性的茶，偏虚的人基本上应避免多喝茶。想喝的话，可以试喝少量古树生普洱茶，若非气滞型体质的话，也可喝普洱熟茶。经过发酵的普洱熟茶，茶性温和。茶有酵素，普洱茶尤其多，需要加热引出。甘草是温柔的引子，可用甘草煮普洱熟茶，能产生大量浮面的白色泡沫，那是茶的酵素，劣等茶则不会出现。水沸后放一两片甘草煮三分钟，后放约五克普洱熟茶叶，再煮三分钟。冬天可放黑糖，喝后不会头晕或心跳，且能守气血。

想为自己和茶更认真地量身配对的话，可以咨询可靠的专业茶疗师。

从品古树茶学习谦卑

喝酒你会亢奋，爱说话；喝茶你会沉默，变收敛。它不属于任何人，它是来教我们从品茶中学习谦卑的。

我曾在成都朋友的茶馆里喝过据说树龄已过三千年的普洱茶，温润、韵纯、内敛、深邃不见底地耐人寻味。那年再赴成都出差，探望茶友，他送我一小饼同一棵树 2012 年的生茶。一棵极品茶树一年能有多少收成？有幸能得朋友笑着跟我无条件地分享这份无价宝，这份真挚的交情，珍而重之。

回香港，我迫不及待地要和单纯的好朋友共享。

茶跟乐于独饮的咖啡甚至是爱情都不一样，它更是心灵与心灵之间交融的桥梁，不宜独享。像红酒一样，好的酒，舍得开瓶也是因为想跟最好的朋友分享。有一个泡茶工具叫公道杯，就是在泡碗里注水后，先把茶倒进公道杯里，然后再平均分到不同的小杯给茶友品尝。这个公道杯能确保每次泡出来的茶，不会因为倒到小杯时的先后次序而令同一泡茶的茶味因时差而产生分别。

当然，在我看来，求公道的目的不只是平分茶，更寓意在茶面前人人平等。

那夜，在好友的茶馆，我们几位新旧朋友在分得小杯茶后，在送到唇边前，都不约而同地先向千年古树致敬，感恩能分享古树的能量。品茶时大家都变得非常安静，回到内在的自己。喝酒你会亢奋，爱说话；喝茶你会沉默，变收敛。没有人说一句话，各自跟茶圆融为一，细品它每一瞬间的变化。

杯里的茶香主动、热情，像个野性的法国女人，充满自信，爱表现自己。喝下去，却又变成跳探戈的西班牙女郎，眼神和节奏变幻令人叹为观止。此茶像个深不可测的魅力女人，由第一口给你意外的凌厉，到十多泡后还每次散发非常丰富细致的层次和惊喜的变化。大家醉在茶的丰富层次里，是个难得的奇妙茶旅。不到两泡茶，有人已经开始气至全身，发热冒汗要脱衣服；有人感到茶的激情和最初强势的茶气，觉得快要中“毒”了。然后不久，坐在我身旁的中医朋友说，她感到很强的气从身体运行到手指，在我另一旁的女生也有同感。也有人说最先是野性的感觉，第二泡开始便变幻莫测，喜出望外，不知下一刻它又给我们什么表情、什么内容，每一口都在期待。

一棵千年古茶树的叶子能有这么多层次的变化和茶香，可以想象它有多强壮，拥有多少智慧和力量。

我说人在茶面前是平等的，意思其实正是这样：不管我们是谁，在古茶树面前都不外如是，相当渺小，没什么大不了。

我的心愿已了：替古树普洱茶找到心清纯洁的人来共享。它不属于任何人，它是来教我们从品茶中学习谦卑的。

喝古树茶保育土地

守护古茶树，制造良心茶，是保育茶生态和土地的最后关口。你怎样对待茶，茶便怎样对待你。

在一次港台两地品茶交流会上，有机会品尝了封藏30多年的台湾老茶。最初三泡陈酸味浓，第四泡后，茶树的原味和微甜味开始慢慢渗透，妙不可言。之前也喝过20年的乌龙老茶，在最初两泡的木酸味过后，突然散发温醇的芳香，像老酒，也像智慧老人的微笑。

喝这种老茶的态度，远远超越对茶香、茶味或茶性的追求。茶汤如实地记录了某年某日的空气、天色、风土和天地人关系，能穿越时空，有幸饮下这段因缘际遇，与某个时代、某个地方制茶当下的某段历史隔代相遇，传奇无比。

存放良好的老茶都是干净的茶，不添加多余工艺，要么已由茶叶转化成茶药，要么就是最好的生态历史的见证。纯粹的茶，其表里能记录当年的茶树生态环境是怎样的：水土干净，没有被污染或扭曲来滥制茶商品；人茶关系比较单纯，喝茶和种茶都是以“养人养地”为本，所以那些年的种茶方式能维持健全的环境生态，惠泽身体，养生静心。

茶，对身体是健康饮品，对心灵能静心修心，这是我们对它的普遍认识。不过很少人知道，原来懂得喝好一杯茶，尊重茶树原生态，可以保育大地，功德无量。

我一直珍惜的古树普洱茶，也许是现今世上剩下不多，还能保存土地原生态的茶。所谓古树茶是来自两百年以上甚至上千年树龄的茶树。古茶树生长在较原始的山野中，与其他植物混生而成一个稳定的生态系统，与自然和谐共生，具备了抵抗虫害的能力。当树叶在自然中被分解后，也变成茶树的有机肥料。而依靠树木栖身的小鸟、蜘蛛等是植物性昆虫的天敌，也在保护着茶树。乔木古茶树长多高，根便有多深，在多样性的原始树林里，树与树之间的距离适当，能保持土壤疏松，养分充裕，有机质含量丰富，地下深层土壤的养分能转化为自身的营养。这种不为人干扰的正常自然生态，令古树茶叶每片都蕴含丰富营养，能量比其他大量人工繁殖的茶强大。

茶挚友吕沐真说过：“要喝好茶先要尊重茶，保育种茶地，良心地造茶。山野中现成有的是茶农一双起茧的巧手，最便宜的是满山的木柴和取之不尽的阳光。茶农的生活较简朴，见识和视野较局限，在当今浩浩荡荡的工业化制茶进程中很容易被淹没，茶山和村落也如此。”

爱茶先爱土地。他曾在云南偏远山区出资为学校建食堂，让孩子读好书、长见识，希望将来认识到祖辈留下的最大财富是一座完整的山，而不仅仅是一些茶树，要保育和守护这片孕育他们的茶山。如斯心念，意义深远。

“当你保护古茶树，品尝古树茶时，同时也在支持着茶农传承他们祖辈流传下来的永续生产方式，明年你才有机会喝到同样好的古树茶，令世世代代享受人茶互爱的恩泽。”

现今茶市场庞大，喝茶和藏茶待升值的人增多，便为茶山的保育制造了更大的危机和压力。像贪婪的牛奶商设法压榨母牛的每滴牛奶，注射激素令母牛患上肿瘤，变畸形，痛苦早死以催生大量牛奶一样，古树茶山也面临同样的危机。在被开发、转为台地种植后，原生态茶树只能在高海拔山区出现，且数量愈加稀少。如今要找到天然干净没化肥或农药的茶已不容易，更莫说修心能量强大的古树茶了。

守护古茶树，制造良心茶，是保育茶生态和土地的最后关口。

你怎样对待茶，茶便怎样对待你。

注：我对茶修更多深刻的领悟，已写进小说著作《如山、古树和我》里。

家，可以变成移动的堡垒

如何安放和布置自己的家，是和自己建立亲密关系的一种自疗方法。一个家就是一片天空、一个宇宙。

居住的地方不理想，欠缺私人空间，最令人感到压迫和受困，会累积负能量。

有家不想回，家不成家的感觉，很容易牵动强大的负能量，陷入偏激的想法，譬如觉得自己是被遗弃的孤儿，在世上没有容身之所，没有一个想回的家。

事实上，你不是没有可回的家，只是有个不太满意、空间不足、家人不和的家，令你不想回去。即使是回家，也宁愿把自己关起来，自困斗室中，酝酿自闭式的压迫和局促。

那，争取为自己安个属于自己的家吧，这也许是每个人应有的、爱自己的任务。

能有独立的空间，再小一点的房间也是吸引人的，就在这个小地方，把它变成自己的天堂吧。

如何安放和布置自己的家，是和自己建立亲密关系的一种自疗方法。

有些人喜欢靠近大自然，不一定需要在家里种满植物。假如家的面积实在太小，但又希望令家散发自然感的话，可以引入能给予温暖感的自然力量。譬如木头。

不过即使很多人都喜欢木造的家具，但没品位的木家具看上去根本找不到自然里的树木痕迹，丑死了！涂上过厚的漆，闪闪发亮的外表，更像廉价塑料，破坏了木头的粗糙原始感，造作死了！要找到有原始味又有设计品位的家具，确实也得花上不少金钱，而且也难找到适合的师傅，建议不如自己动手造，而且，充满创意。

家里需要什么，别第一时间想到哪里买新的，可以先到垃圾回收的地方拾人家弃置的木具。一张小板凳、一块老木门，最好是老宅丢置的百年木具，破了不打紧，稍微修整一下便是新杰作，满满侘寂（wabi sabi）美。在两张小木凳上面放一块老木门，便是一张独一无二的个性餐桌或工作台。电视没理由一定要放在千篇一律的电视柜上，到沙滩捡块浮木，用牛奶瓶垫高便是大作。到海边、山边捡些漂亮的石头回家，不规则地放在阳台边上添加禅味，或放在淋浴室地上制造海滩淋浴的意境。拾条木枝回来，把围巾或领带挂起来，既整洁又活泼。用玻璃奶酪小瓶种一粒柠檬核，放在小窗前，很快便成为一棵小树，不凋不谢陪你一生一世。

每个人都可以是个魔术师。

梦想的家是在海边吗？那，在家里播放自然海浪声的录音，让它成为家的背景音乐，妙不可言。播放鸟声、水声、河流声，把家的场景变成森林；播放古典音乐，家又化身为气质博物馆。注意音响最好在远离你作息干活的房间，隔墙最理想，在你干活时看不到最好，让声音飘过来，添加想象的空间。声音能扩大空间感，把家变成移动的堡垒。

当然，你的独立空间只是一个小斗室的话，同样也可以做到以上的效果，转一下扬声器的方向，出入家门时敲响我研发的全黑定心铜磬，便能马上开阔家的空间意境，或者不时移动家具的方位。动动脑筋就是了。

还有，别忽略了味道的魔幻力量。室内的气味能开阔视觉界限到无限的大自然。在家里或房间种一棵树、一盆小植物，让天然的植物芬芳和屋子交换能量，净化空气。

也可以运用精油。精油是古老的自然疗法，通过植物的纯能量，跟身心结合，强化自己的正能量。建议用纯树的精油如檀香、香柏木、松木等，或叶子的精油如香茅、茶树、尤加利等，把树的精华带入屋。用喷雾香熏器散发安神和静心的檀香、佛手柑，或者混合薰衣草、天竺葵和柠檬精油，可以抖擞室内的精神。

要改造自己的家，其实还有一个很多人都忽略甚至不懂的秘密。除了重新布置要放什么，你其实还可以做相反的事：不放什么，留“空”，安“静”。

一个很好的借鉴是日本的京都。那里有很多上千年历史的寺院，都保存得非常完好，即使曾经损毁，也能被修葺得很好。京都的寺院设计非常简约，特色是“无”（nothingness）。而这种空无感，正是产生强大静能量的泉源。

曾遇过一个令我很感动的场面。我在一家千年寺院的门口，正因为门外出现了某些说话很大声的旅客而犹豫是否要走进去时，突然吵闹声停了，原来那几个喧哗的旅客一踏进寺院后，便马上被当下的场景慑住了，像着迷一样，突然安静。我跟随着他们走进去，眼前一片空寂，只有整片榻榻米，没有佛像，没有什么，只有黑黑的和从寺顶射下来的一束光，像舞台一样的震撼。

这是神圣的空间，一切皆空，安静便是一切。那些旅客突然变乖，其中一个走到寺院的中央，跪下来，静静地祈祷，然后慢慢地、安静地走出去。我好奇地跟着他，发现他自从踏进寺，就没有再大声说话了。

为什么他们会在寺院里静下来呢？这就是空静的力量。

京都寺院的空间给人一种剧场感，什么都没有，唯有黑和空，还有微微一道光。人的能量通常是往外散失的，被外在的声音和影像吸引，可在这样的一个封闭空间里，外向的五官都集中起来，往内看，杂乱的思绪和行为马上收敛起来，跟着往内看了，尊重整个安静的环境。

你其实可以把这种空静带回家。

在家，假如因为面积小无法增加空间感的话，你可以用声音扩大空间，比如敲响一个铜磬，让集中的磬声“安”静，把家变成寺院式的静空间。这一刻很重要、很宝贵。每天花一点点时间跟这个空间在一起，你的内心便可以在这一刻豁出来，出走了。

家，可以是你舍不得离开的自制天堂。

一个家就是一片天空、一个宇宙。让安静的美植根于内心，你的心便是你的家。

Hygge：一种自在与同在的生活哲学

Hygge 是一种自爱、自在的生活态度，拥有属于自得其乐的生活方式，懂得为自己创造快乐，同时也为身边人制造亲密交流的温馨时光。

北欧时下非常流行一种快乐生活哲学，叫 Hygge。

Hygge 是一个丹麦词语，读音 hoo-ga（呼格），近年来是个红遍全球的关键词，更曾令丹麦荣登全球最幸福的国度。简单地说，它解释为“对温暖、舒适生活的着迷与追求”。

你可以想象，画面是几个朋友，在一个北欧的家，点着蜡烛，分享红酒和自家制私房菜及甜品的温暖聚餐。也可以是你为自己选择一个地方待下来，把它当成自己的家，随便地泡泡茶、喝杯酒，躺在豆豆沙发上玩手机、画幅画、听音乐的美好私密时光。

Hygge是一种自爱、自在的生活态度，拥有属于自得其乐的生活方式，懂得为自己创造快乐，同时也为身边人制造亲密交流的温馨时光。它不是自我放纵或无所事事的虚无态度，而是真的懂得为自爱创造幸福和满足感的自我疗愈。

提升温度是重点，即是说，当你和别人在一起时，你会重视和对方面对面的交流，而不是各自玩手机或看电视。你会喜欢亲自下厨做健康美食，而不是叫外卖，吃垃圾食物兼制造大量塑料废物。

另一个重点，是回家，回到家里制造可亲可恋的感觉。没有什么能比回到布满温馨感自然木家具的家里点起蜡烛，泡泡咖啡，读本好书，烹煮美食更享受人生。不做多余无谓的消费，回家过好日子，邀请朋友到家里聚会，分享在家的一切美好。

Hygge源自北欧寒冷的取暖方式。你可以想象，当户外是长年的严寒，回到温暖的家做喜悦的事情，便是对北欧抑郁症患者最好不过的自疗方法，也能拉近有隔膜的人情关系。这是比自得其乐的小确幸更多一点的亲密关系，也许，正是我们来自另一边地球的东方人目前日渐流失的温度。

某次见一个治疗客人时，她道出了对前任的不舍其实不是因为还爱着出轨的他，而是因为自己没有可亲的家人，舍不得和他的家人已建立的亲密关系。我告诉她，家人般的亲密感觉不一定需要伴侣提供，你也可以自己建立，多结交能亲密的朋友、喜欢热闹家庭的朋友，多到他们的家聚会，他们的家人就是你的家人了，不用执着谁来给你。你先打开自己，在同事间、朋友间都可以建立这种互相取暖的亲密爱。

从前中国人都是几代同堂的大家庭，现在已却变得各自生活，甚至独居，离开家乡和亲人隔老远的，过春节才回家一趟联络生疏的关系。假如背井离乡、远离亲人是无法逆转的现实，那希望建立一个拥有亲密感觉的家，不能只靠一段梦想中的浪漫婚姻赋予，也得由自己积极地创造。

伴侣未必能常在身边给你温暖和爱的感觉，朋友或许更适合满足你希望缔造一个温暖和热情的家的愿望。与其约朋友到外边靠高消费打发时光和发泄负能量，不如约三五知己回家做饭，舒服地光着脚躺在沙发上喝酒聊天，播放喜爱的音乐，幸福靠自己做主，自己创。尽情地欢笑，和喜欢的宠物一起度过一个晚上，不用担心哪家餐厅不欢迎动物，不用花上庞大金钱消费在并不怎么自在或温暖的餐饮环境。

你想狂欢大笑，总是在家里才自如。

抱一束鲜花，带两瓶红酒，各自带一道菜，带上亲密伴侣或好友一同到朋友的家做客 Hygge，分享笑声和温度，不亦乐乎。这是我和好朋友在香港早已经常做的事情，不再眷恋消费场所，感觉更自在，能加深彼此的感情，聊到更深入的话题，笑个更痛快。在那放松的家里，有什么都不用再隐藏，有什么不快乐也不用太在意。能在一起，还能相见，已是隔世修来的缘分，乐在当下珍惜和享受，比上什么身心灵课程、见什么治疗师更能调好心情。原来你并不孤单，生命中有好朋友跟你在一起，应该知足感恩。

情绪乱时，去爬山

累了，喝口水，休息一下，遥望天地，豁然开朗，原来天大地大，没什么大不了。

生活可以很简单，但大部分人过的都不是简单的生活，太多复杂变幻无常的经历，每一天都不容易应付，难以从容度过。情绪因外在事端刺激而左摇右摆，要安定下来并不容易。

有读者告诉我，他有依我教过的方法，每天都设法腾空一段时间安静自己，一个人静静的。他选择了看书、听音乐、打坐，有时有效果，有时心里还是记挂着世俗事，工作的、感情的、家庭的，老是放不下。不过有空静的时间总比没有好。

像他这样每天抽空回归安静，已经是很好的尝试，起码在安静的时刻，即使思绪还杂乱，还会有忧虑，身体也能进入稍微放松和休息的状态，已经是不错的调养。不过，更好的方法，可以是配合运动，尤其是定期外出的走动。

其中最好的选择是多走路，尤其是走山路，走进山林里。

世界各地都有很多大自然的山径，有易走的，有难走的，视乎个人能力，选择适合自己走的路。多走山路，走进大自然里，借助大自然天然的疗养力量，会更容易清理自己积累下来的疲惫和困扰，转化负能量，调整好情绪。

爬山的好处是，你可以经历一段集中的、不容易随时喊停或后退的时间，让身心调整和重新结合，不再分裂。原理是这样的：情绪不好，是身体和心理不能整合得宜。出现了断层，身体便产生不舒服的反应，让你感到不安，再因应不同情况而转化成不同的情绪表现，如愤怒、悲伤、烦躁、忧伤等。这些情绪反应若没有得到适当的排遣的话，便会转化成长久的心理压抑，干扰健康。

要排遣负面情绪，最有效的渠道是把它运送到肌肉上，通过运动和流汗，把多余的、负面的能量释放。最初起步时，脑袋还可能会有一些负面的思绪纠缠着，不愿意离开，但当你不停地走路需要身体能量时，思绪不安所需的能量便被实实在在地夺回了。这时候的你，会把所有精力花在腰和脚力上，胸肺扩张，你已无暇再胡思乱想了，变回一只纯粹的动物。这一刻，便是最静心的你。

爬山令你一直向前走，没后退，能量在流动中。你可以接收大自然温柔的照顾，天给你的纯氧，树给你的问好。抱一下大树，让几十年、几百年甚至上千年的古树智慧和能量安慰你，你会很感动，正能量重回身心。累了，喝口水，休息一下，遥望天地，豁然开朗，原来天大地大，没什么大不了。

大自然会让你从愁眉苦脸转化成开怀欢笑。人宽容了，心情便不再一样。

原先困扰你的问题可能并没有解决（solved），但它已远离了，因为它已经被溶解了（dissolved），不再打扰你了。

让自己投入爬山的旅程中，走一两个小时甚至更长的路，比困在家里做100次什么静坐更能身心畅快。

出走，是为回归生命的原点

出走是归心，回归内在那个正待开发的自己，愿意跟自己建立亲密关系的旅程。

过去十多年，我一直在传达“出走”的观念。

我是在 1997 年秋天出走英国布莱顿（Brighton）的。那一年，我放下香港的一切，带着两个箱子、一支黑尺八起行，毅然抱别哭坏的母亲。她不明白女儿为何突然背井离乡，我也不清楚何时会回来，会不会回来。总之，生命走到无法再重复着过去，只能闯开未知的将来。这是我第一次出走，决绝地。

自此以后，我开始以“出走”为名撰写专栏文章。编辑好心地修改为“离开”或“出游”，说“出走”不是正确的用词，容易令人误以为是离家出走的意思，不是好事情。我都拒绝修改，因为，出走的态度和深度跟游离不一样啊！“离”和“走”是两种不同的心灵距离和态度。“离”是地理性的，是距离；“走”是心态的、走动的、勇气的、决志的、身和心的结合，比离开更彻底，层次不一样。

然后，我再以《出走年代》作为第一本小说作品的书名。同样地，主编看到后，有点担心地跟我说：“出走是不是太反叛了？”我没告诉他，其实小说最初起的名字更叛逆，叫《过分年代》。

后来，基于大家对出走抱存着某种禁忌的观念，我以《生死爱欲，心灵出走》为题目，举办了一场演讲会，其中也详述了“出走”跟出游、旅行、反叛离家等的差异。讲义后来被编进了我的著作《一个人不要怕》。

前几年，在某旅游杂志看到一篇游记文章，忘了作者的名字，是一位女作家，点题语提及自己“像素黑那样的出走”。原来我在书里、小说里谈及关于“出走”的自爱修行方式，已驱动女人为自我成长而出走的行动。从此，“出走”这个概念越来越被大众接受。这些年，坊间陆续出现过不少以《出走》为书名或杂志的专题。“出走”已变成了肯定词。我们开始从以往负面地看待出走，到今天的豁然开悟。大家开始明白，我们需要出走多于旅行，而离家并不是一件坏事情。

我相信，只要你相信和坚持推动一种正向的信念，它自会变成一股力量。

我更相信，每个人一生最少应出走一次。

出走是为更生生命的一次选择，跟旅行散心跑景点不一样。旅行是兴奋的，带着出轨的感觉，但心里明白那是短暂的，只是为放松、为散心，总会回来。出走是归心，回归内在那个正待开发的自己，愿意跟自己建立亲密关系的旅程。

有人害怕出走，宁愿留守，也许正是不知该如何面对那个踏进新天地里、身心释放后的自由的自己。原来我们泥守于困局中，只是因为没有决心走开，出走世界，更生生命。腿没动好，眼没放开，心没打开，自然停滞不前，没看到出路。

出走就是出去、走开，毅然地、义无反顾地、计划周详地，一个人筹划、一个人重活，没有比这更负责任的重整人生体验。

我建议（但不是唯一）的出走方式是一个人，不特别做什么，不上课学习静心，不参与宗教仪式，甚至不走进人群里，不被别人安排自己。孑然一身，独自上路，打开全然属于自己的五官，释放你误以为统一、固定、被标签化的那个所谓“自己”，还原内在的多元性。只有不经别人的思想过滤或洗礼，你才能豁然发现，最纯净的自己将会浮现，原来自己有那么多面孔、心思和层次。认定这些分层的自己后，才准备好身心学习安静，静心接受自己的一切。

然后，你可以回来了。出走，是为回归生命的原点，更成熟地，从头再来。

跋

脱掉生命的鞋子

原载于《心探索》杂志67期（2014年5月），内容经过编辑。

采访前的拍摄中，素黑脱去鞋子。没有鞋底的碰撞，她脚下的木地板顿时安静了。

春分时节，窗外枝头尚挂着嫩芽，树影婆娑的白帘下，这个黑衣女子赤着脚，一坐就是约莫两小时，她说："我不冷。"鞋底只有几厘米的厚度，除去它，生而为人的优越感解除了，与环境之间的芥蒂也解除了。她的脚底，有这间屋子最踏实的皮肤，此刻，她像孩子，或是远古的人类，对天地一片赤诚。

采访前，素黑向我们要了采访场地的照片，她说要问问场地，想不想和她交朋友。这可不是开玩笑。

在她心目中，衣服是我们的第二层皮肤，比爱人更亲密；一个空间可以是一个宇宙，让人回归；补好一个塑料袋，也能带给她无法形容的喜悦。“尊重”二字在这次对谈中有着极高的出现频次：尊重工艺的价值，尊重安静，尊重家里的对象，尊重一杯水，尊重与你合作的人。“从身边最平凡的东西开始尊重，你就懂得爱了。”

也许有人想听她讲述关于黑衣的秘密，想听她讲述过往的感情经历……抱歉，我们并没有聊，不妨听听她的手掌和衣服摩擦的声音，沙沙。她笑了。

“像素黑一样出走”

在好友梁文道眼里，当年的素黑“并不快乐，老是在路过的地方投下一道暗影”，幸而后来“她消失了一段日子，再回来，就渐渐变成现在大家在书里所认识的这位素黑了：自在、安定，并且快乐。她身上究竟发生了什么事呢？”

这段日子常常被简化为一行字：素黑于1997年离开香港赴英国布莱顿过隐居生活，1999年回港。是啊，她身上究竟发生了什么事呢?

窗外响起摩托车引擎的轰鸣声，素黑莞尔：“这感觉，很欧洲。”

心探索：我们听过一个说法：“像素黑一样出走”，出走和素黑似乎密不可分，在你心目中，出走是一种什么样的行为?

素黑：出走，跟散心、旅游是不一样的。

出走是有计划的：我很清楚要重整生命，过跟现在不一样的生活状态。我最深刻的一次出走是在 1997 年，去了英国的一个邻海的小镇——布莱顿。

当时我放下了在香港的所有工作：大学教学、艺术策划、文化批评……那个我也是真的我，但是很累的我，我想，必须完全停下来。怎么停？待在原地，能量还是一样的，这个地方给你的，或者说，你跟这个地方特有的互动振频也是一样的——要不，出走吧——这个概念就有了。

心探索：很多人听说过素黑的布莱顿岁月，也知道素黑的生命由此改变，但是，很少人知道，那段日子里究竟发生了什么?

素黑：之前，我都蛮负面的，倾向于跟世界对立，跟人对立，看不顺眼，我就要改变它——年轻人嘛，也是好的，只是掏尽了我的所有精力。

这样的出走，让太阳照进我的生命里面，给了我很大的力量。

那段日子，我不见人，让自己完全地面对自己，很集中地写作；出门买菜，回来做菜；或是外出走走，在海边走走。那座小镇很小，一个小时就可以走完；我的房间有很大的窗，东边是日出，西边是夕阳，对面就是海，窗外会有人飞过——他在玩滑翔伞。看着窗外人飞、鸟飞、云飞、风飞，一天就这样过去。

那段时间，我几乎几个月不说一句话，但是听很多，看很多。别去一些你“很明白”的地方，最好是去从没去过的、语言也不是我的语言的地方，在那样的地方，整个人可以重新来一次。

心探索：为什么要强调“不是我的语言”？

素黑：语言不光是语言，语言是文化，是历史，是一个集体的催眠状态。你融入一种语言里，就要想那个语言想的，做那个语言要求你做的，很容易就被这个语言绑住了。不是说不好，而是你会很容易固定下来，变成它的一部分，不再尖锐，失去敏感度，然后，你就没有了。

问题在哪儿呢？当你发现内心有挣扎，或是跟人相处有问题的时候，你便不知道怎样突破。

心探索：这样是不是有助于保持独立性？

素黑：对，就是身体上的独立。身体习惯一个地方，也会依赖一个地方。出走，给我重生的体验。

更重要的是，出走是一个自我管理的过程。不是随性的、浪漫的，或者是很不负责任的，对不起，不是这样的。

我的出走是：先定下目的地，再找一个落脚点。所需的每一分钱靠自己赚回来，买飞机票回去。出走要靠自己安排，别让谁来帮你安排。不要交给旅行社，那只是豪华旅游而已，会令自己“残废”。

尤其是对于年轻人，我非常建议他们一生中无论如何也要出走一次。

从身边最平凡的东西开始尊重它

心探索：素黑的一天是如何开始的呢？

素黑：每天，太阳什么时候醒来，我就什么时候醒来。猫在叫：“我要吃东西。”我一边喂猫，一边就去清理，先把整个空间洗一洗，好像洗澡一样。一天的开始，干干净净，重新来一次。

擦一擦家具，就好像在跟它沟通。家里每一个静物，我当它是一个家庭成员，不是“用它”，而是“我们同在”。我回家做的第一件事是跟家说：“哈啰，你好吗？我回来喽。”它们需要爱，这不是指我们很容易迷失在里面的所谓“爱”，而是很基本的“你有没有尊重它，你有没有照顾好它”。

我们通常的心态是“我希望放什么在家里”，但我们没有问过空间的需要。我做音乐会、开课、演讲，第一个要求就是先看空间的照片，问问它：“你是不是需要我？你是不是想跟我交朋友？如果你不愿意的话，不勉强你。”

有时候你觉得郁闷，其实是因为这个空间郁闷。它舒服你才舒服，我们是一起的。同样地，我们的身体其实一直在敲门：“喂，休息了哦，很累了哦。”你不管它，它便痛给你看。

心探索：在你的身体感觉累的时候，你会做些什么来爱自己呢？

素黑：走动是我每天必须做的，我会自己做饭，利用去买菜的时间休息。很累很累的时候，我静静地坐着，猫猫就会过来，跟我在一起，咕噜咕噜——它的振频太好了，它是我能动的音叉，给我 136.1Hz 的爱。

还有，一定要有声音，每天早上听听铜磬，太累的时候，我会弹钢琴。弹钢琴可以进入催眠的状态，而且那个 flow 不会停，有些人去跑步，跑到一个很 high 的状态，不会累的。钢琴是我的运动，在里面我会忘记时间——原来弹了一个小时了，我还以为只有 10 分钟。

音乐有它的旋律，也有它的世界，这是一个特别的系统，当我的系统乱了，我可以到那个系统里面转换能量。

心探索：缝衣服也是你休息的方式之一吗？

素黑：我很喜欢跟衣服在一起。我现在穿在身上的这件衣服是我自己设计的，很感谢我的设计师，他用的布料好像树皮。我喜欢抱树，穿着它，就好像穿上一棵树。摸一下，你听（沙沙沙），衣服是有声音的。你可以听衣服，就好像我常说的“观音”（素黑自创“观音定心法”）。

衣服的重点不在穿，而在选和看。我们常常在意衣服“有没有把我‘穿’得好看一点”，有这个心态的话，你怎么样也不会太好看（笑），因为你觉得自己不够好看。其实应该是相反的，“我够好”，或者是“好不好没问题”，我穿它，就好像跟它恋爱，去衬托它的美丽，我也美丽。

衣服是我们的第二层皮肤，是我们身体的一部分，比你的爱人更亲密，爱人睡在你旁边，但是你跟衣服是一起的。

心探索：你很喜欢和衣服相处，但是你在演讲时似乎说过，你的衣服并不多？

素黑：一件衣服如果不破，我可以穿一生。我喜欢改衣服、补衣服，连一个塑料袋也要补的。昨天收拾行李，发现放衣服的一个塑料袋破了一个口，一般人肯定会丢掉换新的，但是，只破了一点点啊，我就拿胶纸补好它，马上就像新的一样。之后那几秒钟的喜悦，不能形容。

我近日其实很累，有很大的创伤，但昨天就是因为那个塑料袋，它带给我几秒钟的喜悦，到现在也非常感恩。觉得自己很幸运，一个塑料袋足以治疗我的悲伤，它救了我一命。

懂得修补一个塑料袋的话，你也可以修补跟伴侣的关系，因为你没有看不起它，你没有放弃它。

心探索：一针一线地缝补衣服，那个过程是什么样的感受？

素黑：你会看到一个过程：在时间里，一样东西一点一点地变成另一样东西。做饭也一样，水和面粉混在一起，加热，等待，看着它像魔术一样变化。然后吃下去，变成你细胞的一部分。衣服是贴身的，食物是入心入肺的。

最近我也叫大家喝普洱茶。中国人常常喝茶，但是不一定真正懂得喝。我说“自爱很具体，从喝好一杯水开始”，不是开玩笑的。杯多大？是高是矮？拿起它的时候，有没有感觉水的温度？

有没有先看一下、闻一下？有没有一小口一小口地品它？人的身体 70% 以上都是水，我们跟水的关系不好，也不可能跟自己的关系好。

喝好一杯水，才问什么是爱。喝完之后不舒服，就像爱一个不对的人，在一起不舒服，你还以为自己很爱他，那是假的。从身边最平凡的东西开始尊重它，你就懂得爱了。你会越来越细，细到连一个塑料袋破在哪里你都看得到。

对我来说只有“好一点”

心探索：你的细心和多年前的舞台工作经历是否有关联呢？

素黑：舞台工作对我帮助很大，我现在的仔细、严谨、懂安排，很大程度上归功于舞台工作的训练。

整个制作的过程，最重要的就是安排。做剧场输不起一秒钟的差错，一秒钟的广告费很贵哦（笑），一秒钟可以让一个舞蹈演员跌倒，地板拖不好，会毁掉一个舞蹈演员的生涯。

专业跟尊重是分不开的，我要求专业是因为我尊重，不是因为我挑剔。尊重，就是你做好最细的每一步。如果能以这样的心态去做事情，你的基本功会扎扎实实，你知道每一秒钟会发生什么事情，可能发生什么事情，预先做好准备，不容易出错。这些是最基本要做到的。

心探索：你在制作铜磬的过程中有一个小故事：铜磬混入气泡，会在表面产生小的瑕疵，如果把这个瑕疵磨掉，会影响铜磬发声；如果不磨掉它，这个瑕疵就会呈现在铜磬的外观上。这是不是会延伸出一个关于“完美”的考虑？

素黑：不是完美，我只能说是“如实”，怎样能做出来，就只能这样做。“完美”只是个概念而已，就好像完美的圆形根本只是数学概念，想多了让我们添累，会执着。对我来说只有“好一点”。

跟人合作，我会体谅，也会给良性的压力：“可不可以进步一点？”跟我合作的人会尝试从来没做过的事情，即使他们已做过几万遍，因为我要求改善，他们一生中第一次尝试用更好的方式去做，譬如我研发的静听爱铜磬，就是这样磨合出来的。“麻烦你，可不可以再调一下？”多“烦”师傅几次，他便进步了：“原来你不烦我，我真的不知道多调几次之后声音会更好。”由最初感到很烦，到最后是微笑，因为他真的学习了。

我不需要完美这个终点，我不要“完”。我最近写了一篇文章，讲一个日本的设计概念，也是一个修行的概念——wabi-sabi——残破、原来、原始的美。经过人的使用，它带着一种很有历史感的味道，有温度，有颜色，有光，有变化……那是岁月给我们的。我们只是小孩而已。一棵树，几百年，也只是一棵“小朋友”的树，几十岁的人生算什么？

心探索：你在微博上写道：“当目前的你只能是你时，须调教的便是我而不是你，得放开的也是我。这是合作、相处和沟通的修养。”那么如果一件事、一个人已经不能“好一点”了，那么……

素黑：我调整。我没有必要跟他对碰，不好玩，我就玩其他的喽。

人的改变，比较难。我的书里面有写到，人有很大的限制：懒惰、贪心、混乱。要调整一个人，你需要非常大的母爱，要用爱心和忍耐去等待一个小孩儿长大，这种爱太大了。我常常等待人长大等得很累，这是我生命里面最痛的经历。

人应该学习 stop，把你更好的能量分给更有机会改善的人。有些人执着在一个人身上，“我还是觉得他行”，花 10 年去培育一个自我放弃的人，为什么？害多于爱。

我在书里最后写：“少为别人添麻烦，少为地球添垃圾。”

每一个人多一点点垃圾，这个世界就完蛋了。别小看一点点伤害，伤害播下一颗种子，叫创伤。如果我们严谨一点，抱着爱去关注别人需要什么，尽量避免种负面的、恶毒的、造孽的种子，这个世界便会好一点，爱会更坚实一点。

名人说素黑

彭浩翔　香港著名导演

素黑是带领读者穿越爱情红海的摩西。

别人有感情问题，都写信来问我；我有问题的话，就会问素黑。

杨　幂　著名演员

看素黑老师的书，让我明白爱情原来不只是那么狭隘、那么简单的事情。爱情并不只使人受伤，我们学习受伤，才能学会成长。素黑老师真的是一位能读懂我们心灵的大师。在此我推荐给像我一样尚在爱情中会有期待和迷失的男孩女孩们，期待能和你们一起成长，一起感受爱情的美妙。

陈嘉上　香港著名导演、香港电影金像奖主席

素黑对情爱与欲望的分享甚是真实和精辟，让受情伤的男女能在这迷宫中找到自己和未来方向。看素黑，你会找回自己，找回快乐！

郝　蕾　著名电影演员

素黑的文字就如她的名字一样，干净中的干净，透彻中的透彻。

伊能静　台湾演员、歌手、作家

素黑的文字，是心灵阴暗无助连自己都想遗忘的角落里，唯一引领你前行的那束光。

张德芬　台湾身心灵畅销书作家

素黑是个谜一样的迷人女人，但毋庸置疑的是，她是有思想、有深度，又乐于分享的。在《爱在136.1》中，就有她详细的、务实的、真诚的分享，教导我们如何更爱自己，不是空话，不是闲谈，而是真真实实地、一步一个脚印地带领我们。这真是一本实修爱自己的最佳指南和手册。倾心推荐！

马浚伟 香港著名歌手、影视艺人

要演好一个角色绝对不易，要好好爱自己也不简单。当人沉迷躲在舒适地带中自导自演，不辨真假，那又是否真的活着？读素黑的《爱在136.1》，了解人要从分裂中整合自己，学习平衡自己，具体地爱。

李　蕾 著名电视主持人、作家

有人在微博里对素黑说：我爱你。她回复：你不必爱我，爱好你自己就够了。她的关怀不在大家口口声声所说的爱情那里，她讨厌做感情教主，却是一位好导师，协助你找回本来就属于你的力量。

曾子航 主持人、畅销书作家

看素黑的书，就像看一个个有关爱的微博，短小精悍，耐人寻味，从中可以感受一个女作家对爱的理解、宽容和修为。

江一燕 著名演员

素黑和一般的灵性作家不一样。她不是单纯的励志，而是让你清醒地面对自己，如同混沌人生中的一记棒喝，让你突然就明白了，我们为什么爱而不得，是因为我们不懂爱。素黑说，爱，要从具体的事情做起，她感染我活得更实在，更自爱。

李力持　香港著名导演

看素黑的文字，像用微距拍照一样，看的不单是男女的全景，而是一个又一个的大特写，特别有戏剧性，像电影语言一样，跳着看，再重组，不同人有不同感觉，尤其素黑取镜角度出其不意，常有惊喜，令人回味。

邹凯光　香港著名电影导演、编剧、电台主持人

看《爱在136.1》，才发现自己原来还没有好好爱过！素黑，我是否应该感谢你？

梁文道　香港著名主持人、作家、公共知识分子

大约20年前，在我们都还是激进青年，追逐欧陆新思潮的年代，素黑就已经是这副模样了，永远地黑，从头到脚地黑。只不过我要说句老实话，当年的她并不快乐，老是在路过的地方投下一道暗影。然后她消失了一段日子，再回来，就渐渐变成现在大家所认识的这位素黑了：自在、安定，并且快乐。究竟她身上发生了什么事呢？我想她的文字就是答案，正如她的人见证了她的文字一样。

沈　星　凤凰卫视著名主持人

素黑的书我读了数遍，也买了数十本，也会继续买下去，手袋里总放着

一本。许多朋友在看我埋头翻阅时，会忍不住借去翻看，手不释卷，多么好，她们看得入神，我便赠予之。书与读者的共鸣，最难得。素黑的每一个句子，只要读下去，都是一个新起点；从任何一个章节开始细读，都是向更美的心灵出发。

严　浩　香港著名导演

素黑是一位补心的人，为人家补，也为自己补，为天下的心提升灵。

卢永仁　著名财经商界顾问、TVB独立董事、南华传媒集团前副主席

素黑是疗治这个时代的一种药，她的千金方是放下、是自爱。

欧阳应霁　香港著名慢活饮食人、漫画家、作家

如果没有爱，一切无法想象。如果没有分享，一切停顿终止。吾友素黑敢作敢为，就是爱的分享。

深　雪　香港著名作家

素黑角度的爱，灵性实用兼备。爱自己爱他人，读素黑，看自己。

项明生 香港著名旅游作家

爱，不是追求的，而是一条路。素黑以女性纤细的智慧，为我们展示这条爱的疗愈之路。

陆以心 电影《春娇与志明》编剧、作家、《同班同学》导演

素黑的文字，温暖情路上破碎的心，照清众人心底的私欲，让人重拾去爱的信心，是名副其实的 black magic。

何利利 香港商业电台一台创作总监、创作人

懂得看素黑的书的人，才懂得看内在的自己。看得懂素黑的人，更加看得懂自己。

唐　宁 香港著名演员

素黑的书助人脱离混乱，走得自在，即使路上只得你自己。

李欣频 台湾著名广告创作天后、作家、北京大学客座讲师

素黑是“爱”的成道者，也是传道者。她对“爱”有着如鹰般锐利洞察之眼，亦同时有着极慈悲深广的耐心，向着所有为爱而苦而恼的芸芸众生，给予醍醐灌顶的箴言！

郭启华 香港著名艺人经理人，旗下艺人包括郑秀文、许志安、黄耀明等

遇上朋友在生命中碰到瓶颈，闷郁想不通的时候，我会买一本素黑的书送给他们，她是一服自爱灵药。

林二汶 香港著名歌手、at17 乐队成员

素黑不是黑色的，她的文字也不是白纸黑字，是为世界黑暗面画下的一点灿烂，与难过的时代结下的一点善缘。

吴业坤 香港著名歌手、演员

从素黑的书中，我看到更大的世界、更广阔的心灵。

林一峰 香港著名音乐人

素黑教你好好跟自己谈一次恋爱，从知性修到心性，比任何心灵处方都有效。

图书在版编目（CIP）数据

爱自己是一辈子的修行 / 素黑著．— 北京：中国友谊出版公司，2018.10（2019.3 重印）
ISBN 978-7-5057-4484-4

Ⅰ．①爱… Ⅱ．①素… Ⅲ．①成功心理—通俗读物 Ⅳ．①B848.4-49

中国版本图书馆 CIP 数据核字（2018）第 205538 号

书名 爱自己是一辈子的修行
作者 素 黑
出版 中国友谊出版公司
发行 中国友谊出版公司
经销 新华书店
印刷 河北鹏润印刷有限公司
规格 880×1230毫米 32开
9.375印张 162千字
版次 2018年12月第1版
印次 2019年3月第2次印刷
书号 ISBN 978-7-5057-4484-4
定价 48.00元
地址 北京市朝阳区西坝河南里17号楼
邮编 100028
电话 （010）64678009

如发现图书质量问题，可联系调换。质量投诉电话：010-82069336